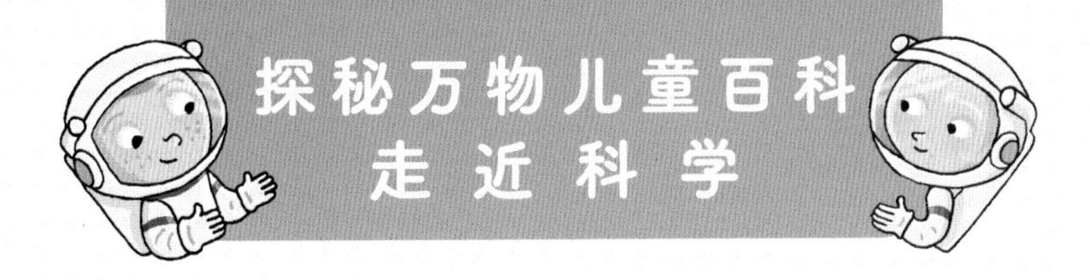

太空漫游

[法] 埃马纽埃尔・勒珀蒂 / 著　[法] 弗朗索瓦・丹尼尔、安妮・德尚布尔西 / 绘
王丁丁 / 译

SPM 南方传媒 | 岭南美术出版社
中国・广州

向太空出发！

欢迎来到天文馆。这个像电影院一样的博物馆，可以带你穿梭太空、了解宇宙。你准备好这次的太空冒险之旅了吗？

不，比这更远。要到达太空，你必须冲破云层，然后继续上升，比飞机飞得更高，直到离开大气圈，大气圈就是环绕地球的空气层。最终在距离地球海平面 100 千米的地方，你进入太空。

在地球上，我们看到的天空的颜色取决于大气对太阳光的散射。而太空中没有大气，所以太空看起来就是黑漆漆的。

太空是由什么组成的？
1
2
3
好吧，但是天体又是什么呢？

什么也没有。太空几乎是真空的，里面悬浮着数不清的天体和尘埃。

天体可分为几类。一类是恒星（见①），就像太阳，它们能发光。一类是行星（见②），它们不能发光，成群地生活在恒星附近。还有一类是彗星和小行星等（见③），它们是形状不规则的小型星体。

宇　宙

据科学家推测，在大约 140 亿年前的某个瞬间，一次超大规模的“大爆炸”创造出了我们所知的宇宙。

我们的宇宙是如何诞生的？

银河系
宇　宙
我们所在的星系
星系是什么？

我们的宇宙是由数万亿个彼此不断远离的星系组成的。宇宙还在不断地膨胀。

星系是由无数颗恒星以及星际气体和尘埃等构成的。

我们所在的星系是银河系，它就像一个巨大的、带有 4 条旋臂的白色螺旋状圆盘。

起初，宇宙的温度非常高。慢慢地，大爆炸中散落的物质冷却下来，聚积在一起，形成了由真空隔离开来的星系。

宇宙大爆炸

地球是太阳系的一部分，太阳系是以太阳为中心的天体系统。太阳系位于银河系的边缘，离银河系的中心很远。

那么我们呢，我们在其中处于什么位置？

因此，我们的星球——地球，只是浩瀚宇宙中的一粒小小尘埃。

观 星

人类一直着迷于星空的奇观。科学家和天文学家一直在研究如何观察天空，他们发明了可以看得更高、更远的仪器。多亏了他们，人类才开始逐步揭开宇宙的奥秘。

位于南美洲的阿塔卡马沙漠高原是观察天空的绝佳位置。人们在那里可以将天空尽收眼底。

那些大房子是做什么的？
它们没有窗户，好奇怪呀！
看！房子的顶部正在打开……
房子里面有什么呢？
这里好高！

人类是从什么
时候开始观察
天空的？

人类自古以来就对星空着迷。最初人们用肉眼观察星空，4000 多年前，古埃及人就建立了已知最早的天文台。

1609 年，意大利科学家伽利略制作了第一台天文望远镜，他证明了是地球在绕着太阳转，而不是人们之前认为的太阳绕着地球转。

天文望远镜
是什么？

后来，英国科学家牛顿将天文望远镜进行了改进和调整，使它比之前的望远镜更强大，可以看得更远。

自 1990 年以来，哈勃空间望远镜一直在距离地面 600 千米的轨道上运行，拍摄并传回了许多图像。

如今的望远镜非常先进。夜幕降临，天文台的屋顶缓缓打开，将望远镜对着天空，就可以捕捉到又大又清晰的恒星和行星图像。人们还将望远镜送到了太空中。

太阳系

太阳系由一颗恒星——太阳，和所有绕着它旋转的星体组成。太阳系一共有 8 颗行星。大多数行星都像地球一样，有一个或多个卫星绕着它们运行。此外，矮行星、小行星和彗星等天体也绕着太阳旋转。

水 星

金 星

地 球

火 星

这个巨大的橙色球体就是太阳吗?

那些五颜六色的球体是行星吗?

太阳是怎么让所有行星都绕着它旋转的？

这些行星都朝着同一个方向转动吗？

太阳似乎用无形的线牵住了这些行星，这种现象被称为引力。一个质量大的物体会吸引周围质量小的物体，让它们绕着自己旋转，这是太空中的一种规律。

行星都以逆时针方向绕着太阳旋转，称为公转，但它们各自有不同的路线——轨道，因此，它们之间不会发生碰撞。

木 星

土 星

天王星

海王星

我们能确切地知道它将在哪里停下吗？

太阳系有多大？

太阳系在银河系中所处的位置

太阳系很难测量，因为目前还没有任何一种航天器能到达它的边界。太阳系是巨大的，然而在浩瀚的宇宙中，它又是微不足道的。

目前，“新地平线号”探测器正在探索太阳系的边缘，它于 2006 年升空后，在 2011 年与天王星相遇，2014 年掠过海王星，2015 年飞越冥王星，目前正在柯伊伯带中穿行。

距离太阳越近，行星的公转速度就越快。离太阳较远的行星公转速度非常慢，而且它们还需要走更长的路才能绕太阳一周。地球绕太阳一周需要一年的时间。相比之下，水星绕太阳一周需要将近 3 个月；金星绕太阳一周需要将近 7 个半月；火星绕太阳一周需要将近 2 年；木星绕太阳一周需要将近 12 年；土星绕太阳一周需要将近 30 年。

除了绕着太阳公转外，太阳系的行星还会像陀螺一样自转，但它们自转的速度并不相同。

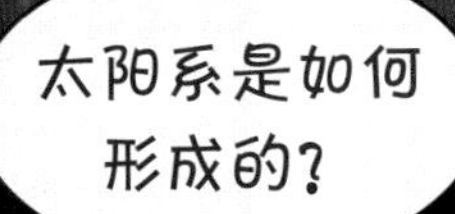

太阳系大约诞生于46亿年前，那时，太阳系还是由气体和尘埃构成的巨大云状物。

在重力的影响下，这团巨大的云状物坍缩、旋转，在中心形成了一个球体。

这个球体变得非常热，并开始燃烧和发光。就这样，一颗恒星诞生了，它就是我们的太阳！

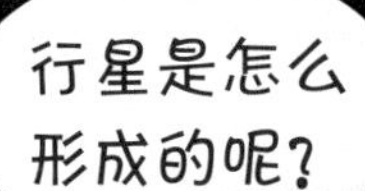

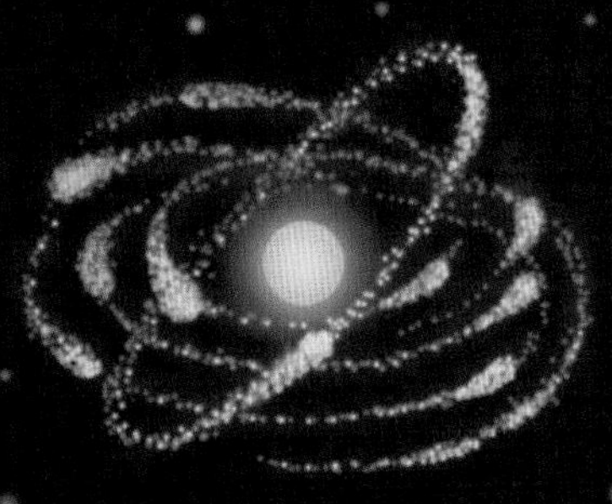

剩余的气体和尘埃，继续绕着新生的太阳旋转，然后聚集在一起，形成各种团块。

以太阳为中心，温度更高的团块形成了4颗小的岩质行星；离太阳较远的团块则形成了4颗巨大的气态行星。

我们的恒星——太阳

这里离地球很远吗？

太阳只是银河系中数千亿颗恒星中的一颗。这颗恒星是一个名副其实的火炉，它的表面沸腾，中心温度高达1570万摄氏度！太阳照亮并温暖了整个太阳系。

太阳好大啊！

太亮了！

太阳在燃烧，不能再靠近了！

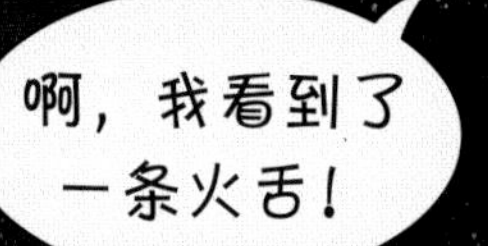

啊，我看到了一条火舌！

太阳是由什么

太阳是一个燃烧着的巨大的气体球。它的中心像一个巨型烤箱，气体在中心燃烧并释放出大量能量，产生光和热。

这些像龙一样的
火焰是什么？

这种跳动的火舌是太阳表面喷出的炽热的气流，这种现象被称为“日珥”，爆发日珥的高度可以达到几十万千米。

从地球上看，太阳似乎很小，
它究竟有多大呢？

太阳的直径是 139.2 万千米。如果把太阳比作一个足球，那么地球还没有一只跳蚤大！

阳不是很遥

太阳距离地球大约 1.5 亿千米。如果我们乘坐高铁，需要将近 60 年才能从地球到达太阳。开车的话，我们大约需要 171 年。但是太阳光只需要 8 分钟就能到达地球。

八大行星

太阳系中的行星绕着太阳转动，它们自身不发光，而是吸收太阳的光和热。太阳系中有 8 颗行星,其中 4 颗是岩质行星，另外 4 颗是气态行星。

什么是岩质行星？

水星、金星、火星和地球表面都覆盖着坚硬的岩石外壳。它们距离太阳较近。

水　星

水星是距离太阳最近的行星。它的表面坑坑洼洼，因为没有大气层的保护，几百万年以来，水星被无数的陨星撞击，形成了许多环形山。白天，它比烤箱的温度还高（约 440 摄氏度），到了晚上，水星表面比冰柜里的温度还低（可达零下 160 摄氏度以下）。

金　星

水星表面上的坑是什么？
我们可以在金星上生活吗？

金星被厚厚的云层覆盖，这些云层不是水蒸气，而是酸性气体！金星表面有山脉和峡谷。它是太阳系中最热的行星——表面温度约 480 摄氏度。因此，在金星上生活是不太可能的。

地球因其表面广阔的海洋被称为“蓝色星球”，它被大气圈所包围，而大气圈可以保护地球上的居民免遭太阳光的直射和陨星的猛烈撞击。

除了地球外，太阳系中还没有发现其他有生命迹象的行星。宇宙中还有数不清的行星。但它们离我们太远了，目前还无法探索。也许它们之中有适宜人类生活的星球。

火星跟地球一样，也有大气圈，有四季变化，据说那里以前也有过液态水。今天的火星看起来像一个铺满红色沙子的沙漠，经常发生沙尘暴。火星表面遍布高山、峡谷和平原，空气令人窒息。

气态行星是什么？

我们无法在这些巨大的气态行星上停留，因为它们表面没有土壤，只有气体和云层。然而，在这些气态行星的中心，隐藏着一个小小的岩石内核。

木 星

木星是太阳系中最大的行星，足以容纳 1300 多个地球。从远处看，木星是黄棕色的，表面环绕着深浅相间的彩色云带，云带内嵌着一个移动着的大红斑，这是在木星上肆虐了至少 300 年的高速气旋！

土 星

土星是一颗质量很轻的气态行星，如果把它放在水上，它会像充气的气球一样漂浮起来。因为距离太阳很远，所以土星上极度寒冷。

这是土星环，它围绕着土星运行，由无数大小不等的粒子、岩块或冰块组成。

天王星

天王星很独特，它是横躺着的。有人认为，很久以前，一颗天体撞击了它，把它撞倒了。天王星离太阳很远，只有一些微弱的太阳光能照到天王星上，因此天王星上很冷。天王星也被行星环包围着，但是天王星的行星环很暗淡，几乎看不见！

太阳微弱的光线到达这两颗行星时，在它们的大气表面发生反射，使得这些行星呈现出漂亮的蓝色、绿色或紫色。

为什么天王星和海王星的颜色如此美丽？

海王星

海王星有薄薄的、几乎透明的环。它是太阳系中距离太阳最远的行星，表面温度约零下 200 摄氏度。海王星遭受着整个太阳系中最猛烈的风暴，有的风暴大小甚至比地球还大。

小行星

当你在火星与木星之间旅行时，会遇上一堵岩石墙！这就是小行星带。有的小行星只有一粒沙子那么大，但也有的很大。注意，别撞上了！

那些石头为什么会飞？
这里有数百万颗小行星！
小心！
它们是小行星还是陨星？

小行星是由形状不规则的岩石和铁、镍等金属构成的。小行星大多分布在火星和木星的轨道之间的小行星带，沿着椭圆轨道绕太阳运行。

小行星之间经常发生碰撞，从而产生碎片。

脱离了小行星的岩石碎片成为流星体。流星体闯入地球大气层时，会与大气摩擦而燃烧，在空中留下一条明亮的光迹。这就是我们看到的流星！一些流星体在穿过大气层后还没有燃烧完，便会着陆在地球表面，我们把这些石块称为“陨石”。有时它们会在地球上撞击出巨大的陨石坑。

月 球

晴朗的夜晚，月亮会出现在天空中，直到天亮才消失。月亮很奇特，它的形状总在不断变化。这个绕着地球转动的邻居到底是谁呢？

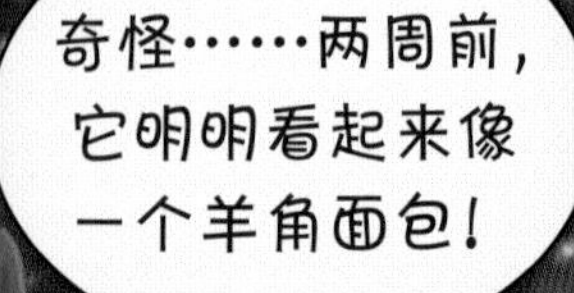
奇怪……两周前，
它明明看起来像
一个羊角面包！

它是怎么亮
起来的？

上面的斑点
是什么？

哇！它的表面
有好多小坑！

月球不是恒星，它本身不发光，而是像一面镜子，反射太阳的光线。白天，太阳强烈的光芒掩盖了天空中一切光亮。当夜幕降临时，月球就成了天空中最明亮的天体。

为什么我们看到的月亮并不总是圆的？

月球是地球的卫星，它围绕着地球旋转，因此我们会从不同的角度看到月球被太阳照亮的部分。当月球和太阳分别位于地球的两端时，我们可以看到满月，其他时候，我们只能看到月球的一部分。月球绕地球一圈需要 27.3 天。

月球上的斑块
是什么？

月球形成后的一段时间，火山活动十分频繁，火山熔岩流创造出了宽阔、平坦的熔岩平原，这些低洼的平原被称为“月海”。

我们看到的月亮上的暗色斑块就是月海，而看上去比较明亮的区域则是山脉，月球上的山脉最高可达 9000 米。

月球表面是什么样的？

月球的表面是灰色的，覆盖着岩石碎片和尘埃。月球上没有氧气，人类在那里无法呼吸。白天，月球赤道处的温度高达 127 摄氏度。到了晚上，气温最低达到零下 183 摄氏度。

为什么月球上有像
奶酪一样的小孔？

月球没有大气圈的保护，所以经常受到陨星的撞击，月球表面有很多碗状的凹坑，最大的直径超过 2000 千米！

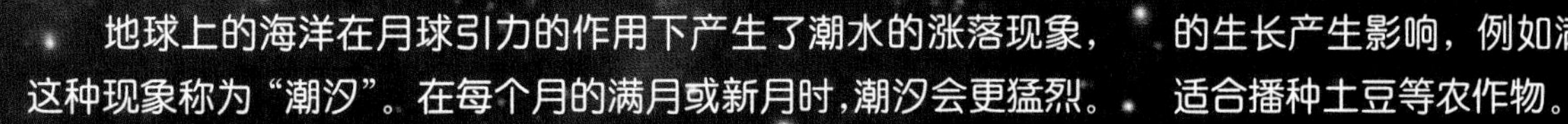

地球上的海洋在月球引力的作用下产生了潮水的涨落现象，这种现象称为“潮汐”。在每个月的满月或新月时，潮汐会更猛烈。

人们认为月亮还会对植物的生长产生影响，例如满月时适合播种土豆等农作物。

之所以会发生日食是因为月球遮住了太阳。当地球、月球和太阳三者位于一条直线上，而且月球位于地球和太阳之间时，才可能出现日食。

几分钟内，白天变成黑夜，温度骤降，月亮变黑，天空中只留下一个金色的光环。

最早的火箭

几个世纪以来，人们从地球仰望星空时，一直心怀憧憬。人类花了很长的时间才发明和制造出足够强大的机器，将人类送入太空。这一切都始于第一批火箭……

早在 1865 年，法国作家儒勒·凡尔纳就在其著作《从地球到月球》中设想出一种能够载人登月的火箭。

右下图中的美国火箭专家罗伯特·戈达德，在 1926 年 3 月 16 日成功发射了人类历史上第一枚液体燃料火箭，火箭升至 12.5 米高。这一次试验为未来的火箭发射奠定了基础。

这是火箭吗？

谁发明了第一枚火箭？

据说，中国人早在 12 世纪就已经向敌人发射装有火药的火箭。

这是什么火箭？

第二次世界大战期间，德裔工程师韦恩赫尔·冯·布劳恩研制了第一枚大型火箭。

这是德国研制的 V–2 火箭，是用来发射远距离导弹的武器，能将 1 吨重的弹头从德国或比利时发射，升至 97 千米的高空，然后落到巴黎或伦敦。

1926 年 3 月 16 日
战争结束之后呢？

美国的 V–2 火箭发射试验

征服太空

谁会成为太空第一人？苏联与美国为此展开了一场疯狂的竞赛。1957 年 10 月 4 日，苏联向太空发射了第一枚人造卫星——“斯普特尼克 1 号”。

哔！哔！

1957 年 10 月 4 日

这是世界上第一枚运载火箭，它被用来执行世界上第一颗人造卫星“斯普特尼克 1 号”的发射，将人造卫星送入近地轨道。它属于苏联 R-7 火箭家族。

完美起飞！

这艘火箭要去哪儿？

火箭上有什么？

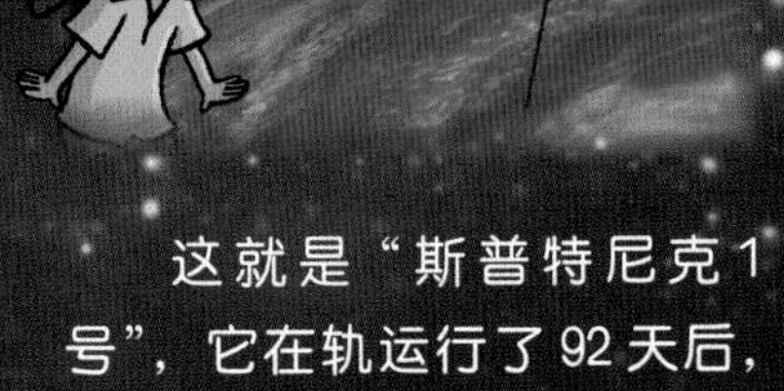

这就是“斯普特尼克1号”，它在轨运行了92天后，脱离轨道，坠入了大气层。

开始，人们并不知道生物是否能在太空旅行中活下来。因此，1957年，苏联将一条名叫莱卡的小狗送上了太空。而后，1961年，美国将一只名叫哈姆的黑猩猩送上太空，并成功返回。

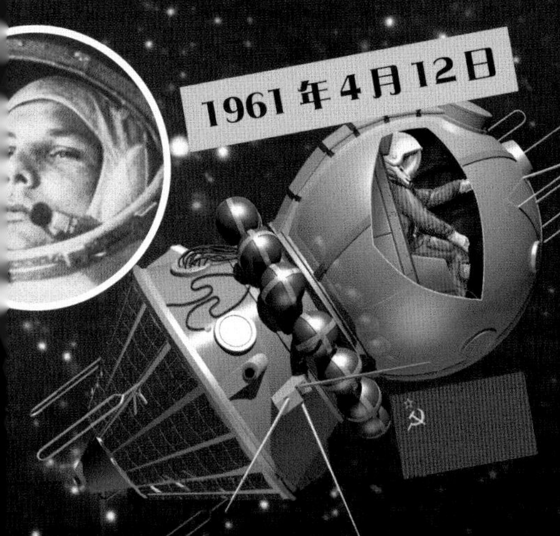

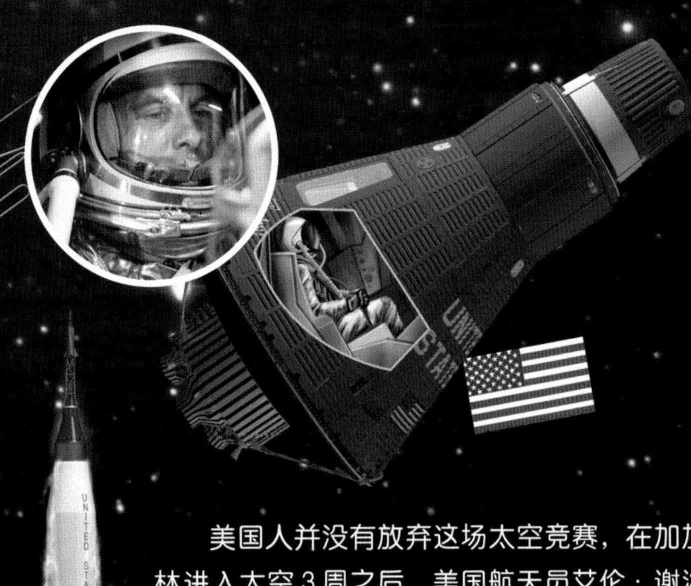

1961年4月12日，苏联宇航员尤里·加加林成为第一个进入太空的人。他用不到2个小时绕地球飞行一圈并安全返回。

美国人并没有放弃这场太空竞赛，在加加林进入太空3周之后，美国航天员艾伦·谢泼德成为首位进入太空的美国宇航员。1962年，第二位美国宇航员也进入了太空。

在月球上行走

这3位美国宇航员已被载人人类征服太空的史册。1969年7月16日，“土星5号”运载火箭从美国肯尼迪航天中心点火升空。它搭载着“阿波罗11号”宇宙飞船和3名乘客飞往月球！

尼尔·阿姆斯特朗，迈克尔·科林斯，巴兹·奥尔德林
他们成功到达月球了吗？
一定很神奇吧……

1
这次旅行持续了多长时间？

这次历史性的探月旅行历时8天半，绕行月球30周，在月球表面停留了21小时36分钟。

5
宇航员们之后又做了什么？

宇航员们花了2个多小时收集了22千克的月球土壤和岩石样本，把它们带回地球研究。

2
登月舱
阿波罗
11号
宇航员们是如何
登上月球的？
3

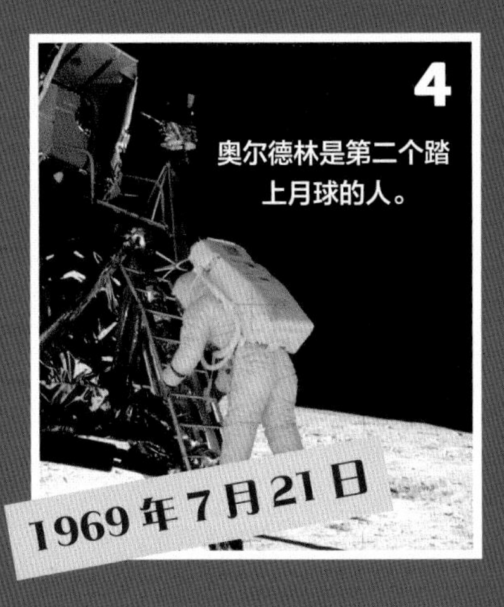
4
奥尔德林是第二个踏
上月球的人。
1969年7月21日

一旦火箭进入地球轨道，"阿波罗 11 号"宇宙飞船和登月舱就与火箭的第三级完全分离。

进入环月轨道后，科林斯留在飞船里，而阿姆斯特朗和奥尔德林乘坐登月舱，准备在月球表面着陆。

阿姆斯特朗走出登月舱，在月球表面行走后说道："这是我个人的一小步，却是人类迈出的一大步。"

6
指挥舱

7
宇航员们是怎么
返回的？

8

任务完成后，两名宇航员返回"阿波罗 11 号"飞船，与留在飞船里的科林斯会合，一起返回地球。

搭载 3 名宇航员的指挥舱在穿越大气层的时候，经受住了高温的考验。

7 月 24 日，3 名宇航员按原计划降落在太平洋。

运载火箭

运载火箭是将人造地球卫星、宇宙飞船、轨道空间站、行星探测器等送入太空的航天运输工具。每一次运载火箭的发射都是一次伟大的冒险，都需要花费数月乃至数年的准备时间。

整流罩

人造卫星

火箭主体

火箭助推器

发动机

运载火箭上并没有搭载宇航员！专家与技术人员在地面的发射指挥控制中心里发射并控制火箭。

人造卫星放在哪儿？

运载火箭会垂直飞起来吗？
谁来驾驶火箭？

这枚火箭会回到地球吗？

助推器借助降落伞落入海里，在那里被回收。其他残骸要么在空中解体，要么也落入海里。
火箭的碎片落在哪里？

运载火箭垂直升空后，会倾斜转弯。当火箭助推器中的燃料耗尽后，它们便会脱落。接着，整流罩被剥离开并落入海洋中。然后，各级火箭依次点火、加速，耗尽燃料后分离。最后一级火箭将人造卫星释放到预定轨道后，也会在空中解体，自然脱落。

人造卫星是沿一定轨道环绕地球运行的无人航天器，它可以收集信息，并与地面进行信息交换。人造卫星可以帮助人们通信、导航、观测气象以及转播电视节目等。

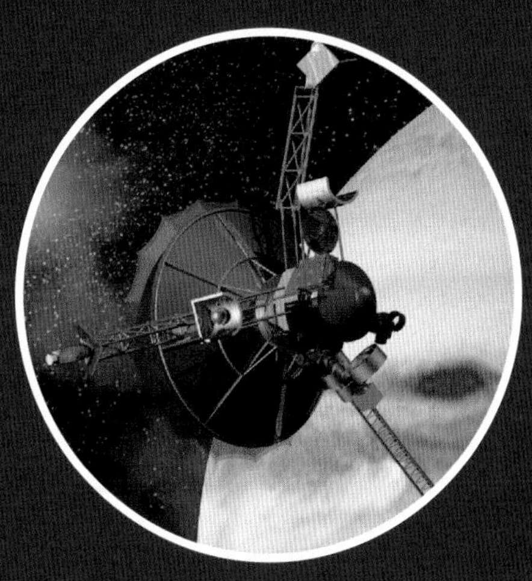

空间探测器携带着照相机和人工智能等设备，是用来探测地外空间的无人航天器。

航天飞机

运载火箭通常只能使用一次，而航天飞机可以在地球与太空之间进行多次往返旅行。

外贮箱

轨道飞行器

助推火箭

2、助推火箭在燃料烧完后就会脱落。随后，外贮箱也会脱离航天飞机。

一架航天飞机可容纳2～8人。它还有一个巨大的货舱，可以装下一辆大客车！

1、这种特殊的飞机叫作航天飞机。航天飞机起飞时与一个巨大的橙色外贮箱和两枚助推火箭绑在一起，在它们提供的动力下发射升空。

3、进入太空后，根据要执行的任务，航天飞机会释放或取回卫星，或者把宇航员送入国际空间站（见下页）。

4、返回大气层时，为了减速，航天飞机要翻转过来，以“仰卧”的角度切入大气层，再翻身以“抬头”的姿势继续飞行。与空气接触后，航天飞机会产生巨大的热量，但它表面覆盖着一层绝缘材料，防止它因温度过高而起火。

航天飞机是如何返回地面的？

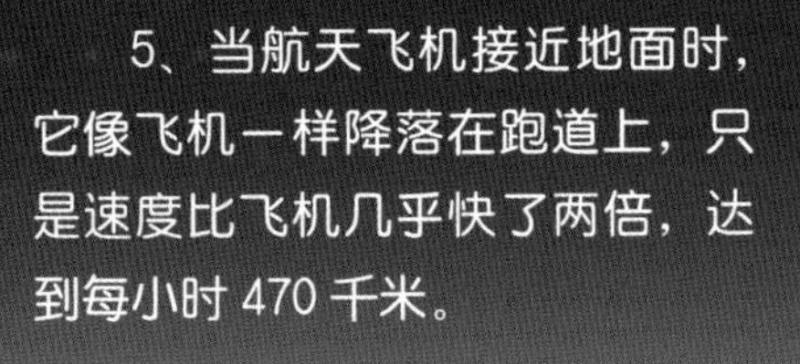

5、当航天飞机接近地面时，它像飞机一样降落在跑道上，只是速度比飞机几乎快了两倍，达到每小时 470 千米。

降落伞能帮助航天飞机在跑道上减速。

太空生活

太空中的生活与在地球上截然不同。太空是一种失重环境，所有的物体都会漂浮在空中，宇航员会失去对重量的感觉。

在太空中，你不用害怕头朝下倒过来！因为空间站内配备了各式各样的把手及固定自己的装置。

它太大了！

这些巨大的板子是什么？

那里有人在工作吗？

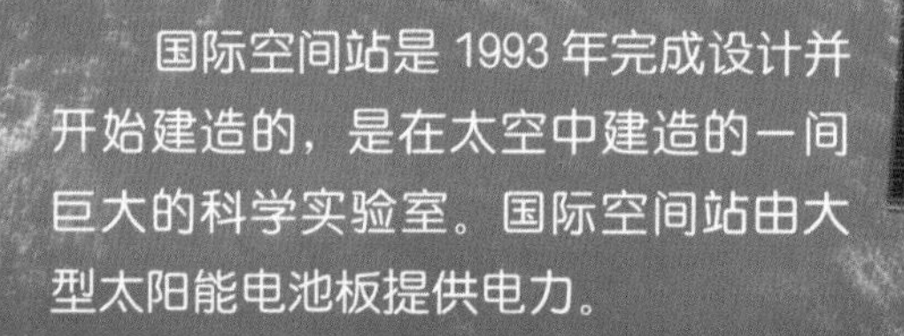

国际空间站是 1993 年完成设计并开始建造的，是在太空中建造的一间巨大的科学实验室。国际空间站由大型太阳能电池板提供电力。

宇航服可以抵御非常危险的太阳射线和太空中的极端温度（极高或极低温度）对人体的伤害。它还可以帮助宇航员呼吸和交流，因为太空中没有空气！

太空中的生活有点儿像在水中。为了适应失重环境，宇航员们会在失重水槽里训练。

为了防止食物在空间站中飞来飞去，食物、饮料等都装在小袋子里。

太空上没法洗澡，只能用湿毛巾擦拭。宇航员需要钻进一个固定好的睡袋中睡觉。

宇航员们在空间站中进行实验并观察太空。

未来的任务

登月成功后，人类又将目光转向了火星。的确，火星确实是下一个人类最有可能登陆的星球了。目前为止，只有机器人探测过火星。不过也许到2050年，火星上会出现类似下图中的基地。

这辆火星车在为人类未来探测火星收集信息。

未知领域的新发现以及巨大的荣耀，激励着各个国家积极开展火星探测任务。

宇航员们可以在充气实验室里生活和工作。各种设施将为实验室提供氧气和电力。

人类有可能在这里定居吗？

人类多久之后能来这里？

人类为什么要定居火星？

火星距离地球很远。到达火星需要 9 个月的时间，返回地球也需要同样长的时间。这就是为什么航天专家们要研究更快的飞船。

从 2010 年 6 月到 2011 年 11 月，6 名志愿者在一个狭小的密封舱内模拟火星之旅。这个为期 520 天的实验最终取得了巨大成功。

美国原计划于 2020 年在月球上建立一个基地，以便在去火星的途中短暂停留……但是这个计划由于资金短缺而被迫取消。或许以后你能看到这个基地成功建成，或许永远也看不到。

人类曾想象过建造这种充气式太空旅馆。或许未来有一天，人类真的可以去太空度假。

仰望星空

当夜幕降临，如果云层没有遮住天空，我们就能看到万千星星闪烁。观星的最佳方式是在一个仲夏之夜（最好在月亮是一个小月牙的时候），远离城市的霓虹灯，到乡村看星星。你一定会看到神奇的景象！

我们从地球上可以看到这道“白纱”，它是银河系的一部分。是不是很神奇？正是这样的外观，为我们的星系赢得了“银河系”的名字。

这些闪光的都是星星吗？
天空中的白色光带是什么？
星星们好像一幅幅画！

北斗七星的形状像一个勺子或小推车，它是较容易识别的星座之一。

金星是黄昏后出现的第一颗星星。事实上，它并不发光，而是反射太阳的光。

天蝎座

为了更好地识别星星，人们在星星之间连上假想的线，把一组组星星想象成动物、物品或一些传说中的形象，并称之为“星座”。这是一些我们经常观察到的星座。

你看到北斗七星了吗？它像一个平底锅的形状。

它真闪亮！

这是一颗彗星，它由冰、尘埃和岩石构成，来自太阳系深处，那里极其寒冷。彗星绕着太阳转。有时，彗星会掠过地球，我们可以在地球上直接观察到它们。

当彗星接近太阳时，它们中的冰会变成气体。其中一部分形成了白色的云雾状的光辉，即彗发。另一部分与尘埃混合，形成一条长长的蓝色轨迹，即彗尾。

小巴黎人报

增刊

巴黎的屋顶变成了天文台

彗星非常罕见。最有名的彗星是哈雷彗星，但是我们每隔 76 年才有幸观察到它一次，下一次要到 2061 年。

那个有着长长头发的星星是什么？
慧发是由什么构成的？

星星真的有生
有死吗？

是的，就像人类一样，星星也有生死，但是它们活得时间更长。我们的太阳预计还能再活 50 亿年。

不要将星星与缓慢移动的飞机或人造卫星在高空中发出的光混淆。

在太阳高能带电粒子流的作用下，地球两极附近会出现绚丽的光，称为极光。

那是什么？是不明
飞行物吗？

有人称在天空中看到了不明飞行物，甚至还拍到了它们的照片。科学家已经证实其中大部分是战斗机、流星体，有时甚至是海市蜃楼，但仍有一些无法解释。它们会是外星人的飞碟吗？

图片来源

封面 : Navette Discovery © S. Andrews/Science Faction/Corbis. Fond © Fotosearch.
P.1: Terre © Nasa. P. 2/3 : Fond de page © Fotosearch. P. 4/5 : Fond de page © Fotosearch. P. 6 : Observatoires géant, Chili © R. Ressmeyer/ Corbis. Ian Shelton devant télescope, Chili © R. Ressmeyer/Corbis. P. 7 : Galileo-Galilei © L. Ricciarini/Leemage. Premier télescope de Newton © J. Sugar/Corbis. Hubble © Fotosearch. P. 8/9 : Fond de page système solaire © Fotosearch. La Voie lactée © Fotosearch. La sonde New Horizons © Lookastciences. P. 10 : Toupie © Fotosearch. P. 12 : Le Soleil © Fotosearch. P. 13 : Protubérance solaire © Fotosearch. Ballon de foot © Fotosearch. P. 14/15 : Mercure © D. Scott/Corbis. Surface de Mercure © Nasa/J. Hopkins University. Vénus © Nasa/ Corbis. Surface de Vénus © Stocktreckimages/ GettyImages. Terre © Nasa. Lagon sur Terre © Fotosearch. Mars © Nasa. Surface de Mars © D. Van Ravenswaay/GettyImages. P. 16/17 : Saturne © Fotosearch. Détail des anneaux © Fotosearch. Jupiter © Fotosearch. Uranus © W. Radcliffe/ Science Faction/Corbis. Neptune © Nasa. P. 18/19 : Photo de fond : GettyImages. Astéroïde © Corbis. Anneau d'astéroïdes © NASA/B. Allen/Corbis. Meteor Crater © Fotosearch. Étoile filante © Fotosearch. P. 20/21 : Lune © Fotosearch. Soleil © Fotosearch. P .22/23 : Pleine Lune © Fotosearch. Surface de la Lune © Corbis. Sol lunaire (en bas) © World Perspectives/GettyImages. Éclipse solaire © Fotosearch. P. 24/25 : Jules Verne © Roger-Viollet. Gravure «De la Terre à la Lune», J. Verne © Roger-Viollet. Robert Hutchings Goddard © Rue-des-Archives. Von Braun © Nasa/Corbis. Fusées V2 © Rue-des-archives. Fusée V2 aux USA © Corbis. P. 26/27 : Fusée R7 © Jacques Dayan. Terre © Nasa. Spoutnik © Fotosearch. Laïka © Nasa. Ham © Nasa. Iouri Gagarine © Bettmann/Corbis. Alan Shepard © Nasa. P. 28/29 : Décollage Saturn V © Nasa. Portrait de l'équipage © Nasa. Aldrin descendant du Lem © Corbis. Aldrin près du drapeau US © Nasa. Pas sur sol lunaire © Nasa. P. 30/31 : Lanceur Ariane 5 © Jacques Dayan. Salle de contrôle, Kourou © Esa-S. Corvaja. Sonde © Fotosearch. GPS © Fotosearch. P. 32/33 : Décollage navette Discovery © Nasa/handout/CNP/Corbis. Atterrissage navette © B. Cooper/Science Faction/Corbis. P. 34/35 : ISS © Nasa/Handout/CNP/Corbis. Astronautes Susan J. Helms & Yury V. Usachev © GettyImages. Astronaute travaillant en extérieur © Stocktrek/ Corbis. Préparation en piscine © R. Ressmeyer/ Corbis. Koichi Wakata et sachets de nourriture © GettyImages. Couchage © DR. Philippe Perrin dans l'ISS © Gamma. P. 36/37 : Base martienne imaginaire © S. Hobbs/Stocktrek Images/Corbis. Robot Curiosity © Nasa/JPL/altech. Vaisseau futur © DR Paramount. Membres de l'expérience Mars 500 © A. Koudenko/Ria Novosti. Vaissseau futur (en bas) © Corbis. Projet d'hôtel spatial © Bigelow Aerospace. P.38/39 : Voie lactée © Fotosearch. Étoile du berger © Fotosearch. Constellations © Fotosearch. P. 40/41 : Comète en gros plan et plan large © Fotosearch. Une du «Petit Parisien», 1910 © Leemage/ GettyImages. Aurore polaire © Fotosearch. Photo N&B Ovni © Bettmann/Corbis. Extraterrestre © Fotosearch.

图书在版编目（CIP）数据

太空漫游 / （法）埃马纽埃尔·勒珀蒂著；（法）弗朗索瓦·丹尼尔，（法）安妮·德尚布尔西绘；王丁丁译. — 广州：岭南美术出版社，2023.2
（探秘万物儿童百科·走近科学）
ISBN 978-7-5362-7559-1

Ⅰ.①太… Ⅱ.①埃… ②弗… ③安… ④王… Ⅲ.①宇宙－儿童读物 Ⅳ.①P159-49

中国版本图书馆CIP数据核字(2022)第162943号

著作权合同登记号：图字19-2022-111

出 版 人：刘子如
责任编辑：李国正　周章胜
助理编辑：沈　超
责任技编：许伟群
选题策划：王　铭
装帧设计：叶乾乾
美术编辑：魏孜子

探秘万物儿童百科·走近科学
TANMI WANWU ERTONG BAIKE · ZOUJIN KEXUE
太空漫游
TAIKONG MANYOU

出版、总发行：岭南美术出版社　（网址：www.lnysw.net）
（广州市天河区海安路19号14楼　邮编：510627）
经　　销：全国新华书店
印　　刷：深圳市福圣印刷有限公司
版　　次：2023年2月第1版
印　　次：2023年2月第1次印刷
开　　本：889 mm×1194 mm　1/24
印　　张：22
字　　数：330千字
印　　数：1—5000册
ISBN 978-7-5362-7559-1

定　　价：218.00元（全12册）

Pour les enfants - L'espace
Conception © Jacques Beaumont
Text © Emmanuelle Lepetit
Illustrations © François Daniel, Anne de Chambourcy
Scientific Advisor © Gilles Dawidowicz

策划 / 海豚传媒股份有限公司
网址 / www.dolphinmedia.cn　邮箱 / dolphinmedia@vip.163.com
阅读咨询热线 / 027-87391723　销售热线 / 027-87396822
海豚传媒常年法律顾问 / 上海市锦天城（武汉）律师事务所
张超　林思贵　18607186981

探秘万物儿童百科
走近科学

了不起的发明

[法]埃马纽埃尔·勒珀蒂/著　[意]贝妮代塔·吉奥弗雷、恩里卡·鲁西娜/绘
王丁丁/译

SPM 南方传媒 | 岭南美术出版社
中国·广州

轮 子

在原始社会，人类只能步行。如果要搬运重物，人们只能肩扛背驮或是用手拖拽。大约6000年前，轮子的发明彻底改变了人类运输和移动的方式。

人类是如何发明轮子的？
依靠滚动的圆木，更容易拉动重物。

人们在实践中发现，通过滚动圆木来运送重物比在地上拖拽更加省力。因此，人类产生了发明轮子的想法。

很久以前，陶艺工人在一个旋转的石轮上制作陶器，这种陶轮后来成为制造车轮的模具。

最早的车轮是由木头拼成的实心圆盘，既笨重又难用，需要非常强壮的动物才能拉动。

人们想到了通过挖空轮子来减轻重量的办法，后来又发明了带辐条的车轮。在当时的人们看来，配备了这种车轮的双轮车快得就像风一样。

为了使车轮更加坚固，人们用铜或铁把车轮包裹起来。1888年，苏格兰兽医约翰·邓洛普有了一个灵感，他把充气的橡胶管套在儿子的自行车轮上，轮胎就这样诞生了！后来，法国的米其林公司首次将充气轮胎运用在汽车上。

车轮的发明真正地改变了人类的生活！有了车轮，人类才能够更轻松地出行、运输货物，从而进行贸易。

14世纪，人们发明了可以使车轮左右转向的装置，使转弯更加容易。之后，四轮马车和驿车（见①）在欧洲普及开来。

轮子的发明同样推动了农业的发展。大约2000年前，在古罗马帝国的高卢地区（今法国境内），人们就发明了有车轮的收割机。

这个带有刮板和水斗的轮子叫作水车。水车借助水势缓缓转动，将河水装进水斗，然后注入水渠，灌溉农田。

轮子的发明还催生了纺车的出现，人们用纺车来生产编织衣服的线。

1817年，德国人发明了最早的两轮车（见②），这种车没有踏板，靠双腿驱动，就像你的平衡车一样。后来，人们给它加上了踏板，早期的两轮自行车（见③）就诞生了，这就是我们现在骑的自行车的原型。

随着科技的发展，马车逐渐被由机器和燃料驱动的交通工具取代，比如火车、汽车、卡车等。这些交通工具都需要车轮，甚至飞机的起落架上也装有轮子。

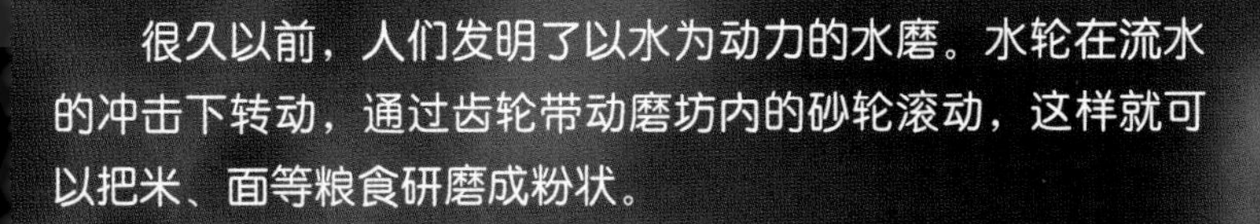

很久以前，人们发明了以水为动力的水磨。水轮在流水的冲击下转动，通过齿轮带动磨坊内的砂轮滚动，这样就可以把米、面等粮食研磨成粉状。

齿轮的组合使用使人们可以操控复杂的机器。从那时起，关于轮子的技术一直在不断发展。

火 车

19世纪初，英国出现了第一台蒸汽机车。这项发明在当时产生了巨大的轰动，因为这是历史上人类首次在机器的帮助下出行！

蒸汽机车行驶时，煤在锅炉中燃烧，产生了浓浓的黑烟。

右图中的这台机车诞生于1804年，这是世界上第一台在铁轨上行驶的蒸汽机车。这台蒸汽机车的行驶速度很慢，相当于人跑步的速度。

后来，蒸汽机车的行驶速度越来越快。这是1829年的“火箭号”蒸汽机车（下图），它的速度可以达到每小时45千米。

蒸汽机车是由蒸汽机驱动的最古老的火车。最初，人们用露天车厢来运输货物，后来人们发明了更舒适的载客车厢，铁轨也渐渐延伸到了世界各地。

美国的“大男孩号”是历史上体积最大的蒸汽机车，它的速度可以达到每小时130千米。

100多年前，人们发明了内燃机车，之后又发明了污染更少的电力机车。现在，高速列车的行驶速度可以超过每小时300千米。

磁浮列车采用了非常先进的技术，它利用磁力使车辆悬浮在导轨上快速运行。中国上海的磁浮列车最高运行速度可以达到每小时430千米。

汽　车

1770年，法国军官约瑟夫·屈尼奥制造出了世界上第一辆由蒸汽机驱动的汽车。这辆木制三轮汽车只能承载一名乘客。拿破仑的军队用它代替马来拉炮车。

约瑟夫·屈尼奥的蒸汽机汽车没有刹车系统。据说后来这辆车因撞墙而毁坏，这是世界上第一起机动车事故。

德国人卡尔·本茨将汽油发动机安装在三轮马车上，第一辆汽油动力汽车就这样诞生了。这辆汽车既没有车身也没有方向盘，只用一个简单的杠杆操作。

约瑟夫·屈尼奥的蒸汽机汽车实验失败了。一个世纪后，德国工程师戈特利布·戴姆勒发明了汽油发动机，并在1885年将其安装在木制两轮车上，世界上第一辆摩托车就此诞生了。

谁发明了第一辆汽车？

第一辆速度超过每小时100千米的汽车诞生于1899年，叫作“永不满足”。这是一辆电动汽车。

20世纪初，美国人亨利·福特第一次大规模地生产汽油动力汽车。由此，汽车变得更便宜，普通民众也能够购买。

如今，汽车已成为日常生活的必需品，有了它，人们可以自由地出行。汽车的车身配有顶棚、车灯等我们如今熟知的设备。而且，为了减轻对环境的污染，越来越多的人选择使用新能源汽车。

船

人类从很早起就想在大海上航行了，最早的船出现于史前时期。从简易的木筏到能漂洋过海的轮船，人类贡献了无数的发明与创造。

古埃及人需要在河流上进行贸易和运输，例如运输修建金字塔用的石头。他们用芦苇建造了世界上最早的帆船。

古希腊和古罗马的桨帆战船依靠很多奴隶有节奏地划桨前行。

1492年，哥伦布以一艘大型的克拉克帆船为旗舰，带领两艘小型的卡拉维尔帆船，开始了前往美洲的首次航行。

人们不断改造和完善帆船，并乘坐帆船前往世界各地进行贸易。古代中国发明的指南针为人类航海事业的发展起到了巨大的作用。12世纪，指南针传入阿拉伯，随后传入欧洲。

蒸汽机发明后，人们给船舶配备了燃煤锅炉，明轮或螺旋桨在蒸汽的推动下带动船舶前进。

后来，船舶造得越来越大，燃烧汽油的内燃机很快取代了燃煤锅炉。如今，以太阳能为动力的船舶也在不断发展。

人们一直靠帆航行吗？

“海龟号”潜艇

人类如何在水下航行？

核潜艇

电鳗号

如今的帆船充满了创造性。2017年，法国帆船手弗朗索瓦·加巴特独自驾驶着这艘由三艘船串联而成的三体帆船，在42天16小时内完成了环球航行。

第一艘军事潜艇“海龟号”只能容纳一个人，可以下潜6米。后来，以电为动力的潜水艇“电鳗号”诞生了，它同时也是第一艘配备鱼雷的潜艇。20世纪40年代，科学家开始研究和制造核潜艇。

飞 机

人类一直梦想像鸟儿一样在天空中翱翔。经过多次失败的尝试后，人们先是成功发明了可以载人的热气球，又发明了可以载人的滑翔机，最后才是一种有趣的飞行器，它带有发动机和像蝙蝠翅膀一样的机翼。

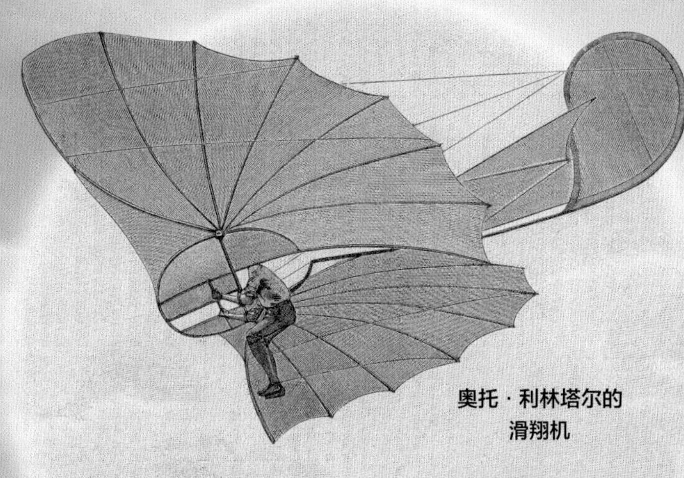

奥托·利林塔尔的滑翔机

1890年，法国工程师克雷芒·阿德尔发明了第一架飞机。虽然它飞得不高，只有20厘米，但这是机身比空气重的机器第一次成功从平地起飞。

克雷芒·阿德尔的飞机

这架飞机飞得高吗？

1783年，法国的孟戈菲兄弟首次成功使热气球飞越半个巴黎。热气球上的乘客是一只鸭、一只公鸡和一头羊！

阿德尔的飞机由一台蒸汽机驱动，这台蒸汽机可以带动两个螺旋桨运转。

1903年，莱特兄弟制造出一架自主控制的飞机——“飞行者一号”，它依靠自身的动力，能够持续滞空而不落地。

1909年，路易·布莱里奥驾驶飞机，历时37分钟，成功飞越英吉利海峡。这架飞机是木制的，由螺旋桨驱动。

不久之后，金属机身的飞机出现了。人们开辟了邮政航班，用来空运邮件。

后来，早期的民航客机出现了。起初，民航客机只能容纳5～10名乘客，飞机上安装着一些简陋的扶手椅。驾驶这样的飞机要格外当心气流！

1945年以后，喷气式发动机逐渐取代了螺旋桨。飞机变得更大、更快、更安全。它可以让你在一天之内到达地球的另一端。

火 箭

火箭最早出现在中国的北宋时期，那时的火箭是将火药绑在箭矢尾部。不过，如果要进入太空，人类必须制造出更大、更强的火箭。

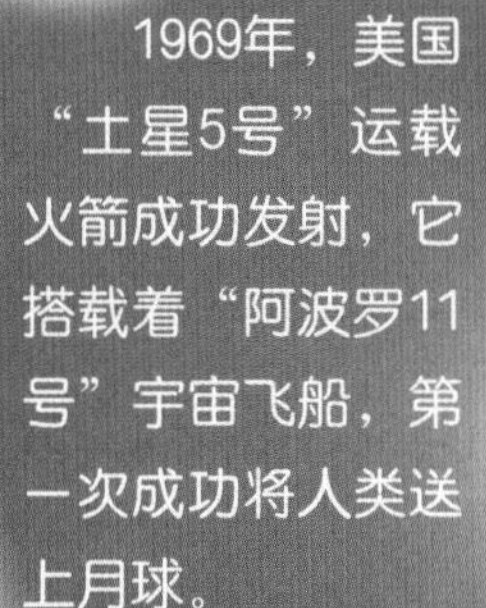

1969年，美国“土星5号”运载火箭成功发射，它搭载着“阿波罗11号”宇宙飞船，第一次成功将人类送上月球。

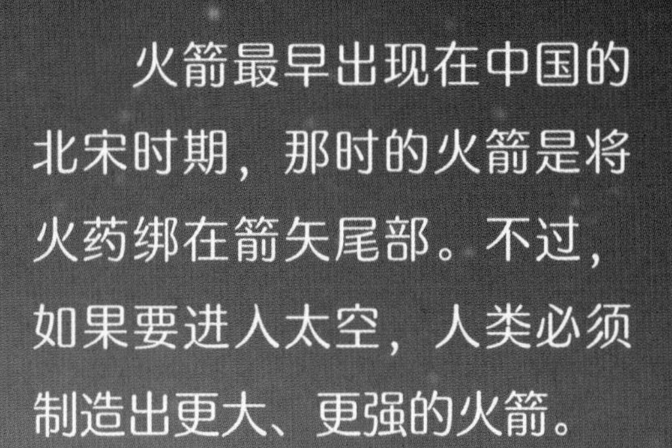

古代中国，人们首先发明出了火药。火药是一些术士炼制丹药时出现的副产品。北宋时期，人们用火药制造小型火箭、烟花等。

20世纪20年代，美国火箭专家罗伯特·戈达德（下图）在大学开展火箭研究。他使用液氧等液体燃料来实验，于1926年成功发射了第一枚液体燃料火箭，火箭升至12.5米高。

第二次世界大战期间，德国军队研制出了第一批用来轰炸敌人的弹道导弹V-2火箭。

1961年，第一艘载人飞船“东方1号”带着苏联宇航员尤里·加加林进入太空。1962年，美国的“阿特拉斯”火箭搭载着“友谊7号”飞船，将宇航员约翰·格伦送入太空并绕地球3圈。

如今的火箭只用来作为助推器，推动载人航天器或人造卫星的发射，不再载人。把设备发送到太空中后，火箭就会与之分离，掉落到海洋里被回收或者销毁。

第一级火箭（助推器）在海面降落后，可以将其回收利用。

文字

远古时期，人类还没有发明文字，只能进行口头交谈，但是人们必须学会记住事情。公元前3200年左右，两河流域的苏美尔人在泥土上刻下符号，这是人类最早的文字之一。文字诞生以后，人类的文明终于得以记录和传播。

人类为什么要发明文字？

以前，人类不像现在这样用文字或字母书写，而是用小小的图案来记录日常生活中的物体或事件。

人们想通过留下记号来记住事情。起初，人们主要是用这些记号记录收获的食物，例如收获了多少谷物或拥有了多少只山羊。

苏美尔人的文字线条笔直，像楔（xiē）子的形状一样，这些文字代表音节或具体事物。

古埃及人发明了象形文字，这是一种复杂的文字，古埃及人用它来讲述众神的故事。

汉字最初由中国上古时代的先民创造，目前发现的最早的汉字是约公元前1300年的商朝甲骨文。

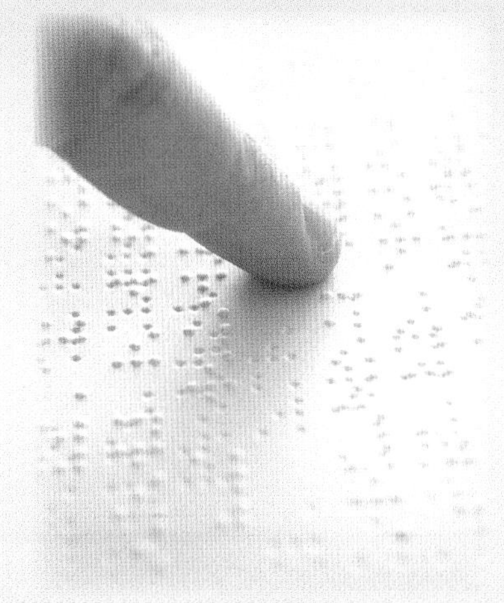

后来，世界上很多地方的人发明了字母。字母既不代表物体，也不代表想法。把不同的字母放在一起，可以组成很多不同的单词。

还有一些字母表是由凸起的小点组成的，这是供视力障碍者阅读的盲文。

古埃及人使用纸莎草的茎制作莎草纸。纸莎草是一种高而坚韧的水生植物。

公元前170年左右，帕加马人开始用羊皮纸书写，羊皮纸是用羊皮或小牛皮制成的。

东汉时期，蔡伦改进了造纸术，将树皮、旧布和渔网等材料，经过切、洗、煮、捣、捞、晾等工序制成纸张。

毛笔是古代中国人发明的。古埃及人用芦苇写字。还有很多地方的人用鹅毛蘸墨水写字。后来，人们发明了蘸水钢笔和铅笔，再后来，又发明了墨囊钢笔和圆珠笔。

世界上最早的打字机诞生于19世纪初。打字机上，每个字母都有一个按键，打出的字母印在一张纸上。

印刷术发明之前，如果要把一本书复制成多本，只能靠人们手工抄写，这会耗费大量时间。

唐朝时期，中国人发明了雕版印刷术。人们先把字反刻在木板上，接着在刻好的字上涂墨，然后把纸压在这些涂了墨的字上，就像盖章一样。宋朝时，毕昇发明了活字印刷术。

中国的活字印刷术传入欧洲后，15世纪中期，德国人谷登堡发明了铅活字印刷术。印刷术在欧洲的传播加速了欧洲社会发展的进程。

如今，利用计算机技术，人们用大型机器进行印刷，几个小时内就能印出数千本书。

电话和收音机

以前，人们要进行远距离沟通，只能通过邮寄信件。1876年，电话诞生了。大约20年后，无线电通信应运而生。这两项重要的发明让人类的交流变得容易多了！

是谁发明了电话？

意大利发明家安东尼奥·梅乌齐被视为电话的最早发明者。但是电话的专利拥有者是美国发明家亚历山大·格雷厄姆·贝尔。电话通过麦克风将声音转化为电信号，传到另一部电话上，然后又通过听筒还原为声音。

贝尔发明的电话

华生，快过来！

1876年3月10日，贝尔和他的同事第一次成功通过电话对话。

喇叭口
最初的电话是什么样子的？

早期的电话挂在墙上，人们对着一个喇叭说话的同时需要把另一个喇叭放在耳朵旁，以便听到声音。

最初，打电话不是通过拨打号码来操作的，而是转动手柄。后来，听筒式电话诞生了，手柄的顶部是听筒，底部是麦克风。

请接卢浮宫！
这些女士在做什么？
喂？

她们是接线员。我们转动电话的手柄，与接线员取得联系，接线员会转接到我们需要连接的号码。起初，人们不能给很远的地方的人打电话，只能给同一个街区或同一座城市里的人打电话。很久之后，不同城市、不同国家之间的人才能够相互打电话。

后来，拨号电话出现了，人们可以自己拨打需要接通的电话。

这是转盘式电话，每拨一个数字都需要转动拨号盘，很费时间，一旦拨错，必须挂断电话从头再拨。20世纪60年代，出现了更实用的按键式电话，这种电话体积更小，仍然通过电线与电话相连。

1990
手机的外观完全不一样了！
智能手机出现后，我们不仅可以发送短信、上网、拍照，还可以视频通话。

后来，连接听筒与电话的线消失了，我们进入了无线电话的时代！人们可以一边打电话，一边四处走动。

20世纪80年代，手机诞生了。最初，手机很大很重，配备天线。后来，手机变得越来越小，并配备越来越大的屏幕。现在的手机就像一台迷你电脑。

收音机

第一台收音机是什么样的？

人们之所以能够使用手机，归功于一项更古老的发明——收音机。这种设备能够捕捉在空气中传播的无线电。

最初的收音机需要使用灯泡、天线和听筒才能运转。之后，听筒被喇叭花形状的扬声器所取代。

随着时间的推移，收音机不断改良。扬声器被去掉了，但是收音机还是很笨重，因为它的运转还是要依靠隐藏在机器内的复杂构件。

20世纪中期，晶体管收音机出现了。后来，又出现了更小的便携式收音机。如今，我们几乎可以在任何地方收听到广播。

照相机

今天，我们只需要简单地按下按钮，就能拍摄照片。但是大约200年前，并不存在这样的技术，人们只有通过绘画才能保留景象。

涅普斯和他的暗房

1827年，法国发明家尼塞福尔·涅普斯在经过8个多小时的曝光后，成功将他花园里的景象固定在一块锡板上，这块锡板放置在一个叫作“暗房”的盒子底部。

照相技术刚出现时，人们拍照时至少要摆20分钟的姿势，否则照片会很模糊。此外，拍照是一件既严肃又稀少的事，人们一般都不笑。

最初的照相机看起来像一个大盒子。照相机必须安装在三脚架上，因为它太笨重了。

通过一系列化学反应，金属板上的照片才能被复制到纸上。早期的照片都是黑白的，人们用水彩给照片染色。

1903年，卢米埃尔兄弟用土豆淀粉发明出一种工艺，可以将某些颜色固定在照片上。彩色照片就这样诞生了。

早期的照相机看起来像一个巨大的盒子，里面有厚厚的金属板。胶片的发明使照相机变得更轻、更小，胶片时代的照相机还拥有了自动对焦的功能。

后来出现了数码相机，数码相机不需要胶卷，它能将照片存储在小小的储存卡上。如今，用智能手机也可以很方便地拍照了。

电影

照相技术出现之后，电影随之诞生了。电影放映就是通过快速地翻动图像，让人们看到图像动起来的样子。

1895年，法国的卢米埃尔兄弟改进了爱迪生发明的电影活动放映机，制作了世界上第一台活动电影机。这台机器能以每秒16格的速度拍摄和放映影片。

通过转动活动电影机的手柄，把图像投影到屏幕上。

救命啊！
快停下！火车朝我们冲过来了！
他们放映了什么电影？

1896年1月，卢米埃尔兄弟组织了一场公开的电影放映会。放映的其中一部电影拍摄的是一辆火车进站的场景。在观看时，前排的观众惊声尖叫，他们以为火车会撞向自己。

最初的电影是无声的黑白电影，只有画面，没有声音。电影放映时，钢琴家坐在银幕旁弹奏钢琴，为电影配乐。1900年，有声电影诞生了。后来，彩色电影也出现了。

以前，影像储存在胶片上；如今，影像以视频文件形式储存在计算机里。

起初，摄影机又大又重，无法随意移动，人们便把摄影机放在三脚架上拍摄。随着技术的发展，摄影机变得更加小巧灵便。数码摄影机诞生后，人们可以把摄影机扛在肩上，有的甚至可以握在手里。

电 视

摄影机发明后，发明家们设法将图像转化为电信号，通过电线传输到电视上并复原为图像。

最初的电视体积特别大，但是屏幕却很小，而且图像是黑白的。电视上只有一个频道，而且只在晚上固定的时间段里才有节目。后来，电视上才有了更多的频道和彩色的图像。

如今有了智能电视，屏幕大，色彩鲜艳，清晰度也很高，还可以接入互联网，收看丰富的节目。

钟 表

现在几点钟了？要回答这个问题，你只需要看看时钟、手表或者手机就能知道答案。但是，很久以前，人类只能靠观察太阳在天空中的位置来判断时间。

日晷（guǐ）是人类发明的较早的计时工具之一。日晷中间有一根指针，晷面上刻有刻度。随着太阳高度的变化，指针的影子也会落在不同的时间刻度上。但是，在没有阳光的地方，以及夜晚或阴天时，日晷无法起作用。

17世纪，人们发明了摆钟。钟锤控制着齿轮，带动表盘上的指针转动。钟锤必须一直摇摆，否则计时就会停止。

后来，人们简化了钟表的结构，发明了怀表。怀表系在链子上，可以装进口袋里或者挂在身上。

人们开始把钟表戴在手腕上。随着技术的发展，还出现了石英手表、没有指针的电子手表和功能强大的智能手表。

照明

1879年，美国发明家托马斯·爱迪生首次公开展示了白炽灯。这是一项对人类影响重大的发明。

远古时期，人类发现了火。他们发现在树枝末端涂上动物油脂或松脂，能使火苗持久地燃烧。

人类以前是如何照明的？

洞穴中史前人类用砂岩制作的油灯。

古时候，人们用蜂蜡或牛羊脂来制作蜡烛。

起初，街灯里装的是蜡烛。19世纪时，人们发明了煤气灯，电灯工人每天晚上点亮灯，第二天早上再熄灭它们。在家里，人们用油灯来照明。

早期的钨丝灯泡

如今的电灯泡

科学家们发现电能可以转化为热能，他们认为电的这种特性可以用于照明。科学家们把灯丝放进一个抽空空气的玻璃罩里，灯丝并没有燃烧，而是发出了光。为了找到更合适的材料，科学家们测试了各种材质的灯丝，包括碳丝、竹丝、钨丝等。后来，爱迪生创办的电力照明公司研究出制造钨丝的方法，延长了灯泡的寿命，沿用至今的白炽灯泡诞生了！

货 币

货币并不是一开始就存在的。很久以前，人们以物换物，例如用一袋小麦换一件衣服等。古罗马时期，盐很珍贵，军团会给士兵发放买盐的专用津贴。“工资”的英文单词salary就是来源于盐（salt）。

目前发现的最早的金属货币出现在中国，是商代晚期的铜贝，在公元前11世纪以前就已经出现了。公元前6世纪，地中海沿岸吕底亚王国制造了纯金和纯银的硬币，而且有标准的尺寸和重量，促进了贸易的发展。

硬币方便运输，易于储存，还不会变质。

大明宝钞是中国明朝官方发行的唯一纸币，长约30厘米，宽约20厘米，是世界上面积最大的纸币。

随着贸易的发展，随身携带硬币变得十分笨重。中国唐朝的飞钱是迄今为止已知的最早的纸币的雏形，它类似于现在的汇票。北宋时期，中国出现了世界上第一种官方发行的纸币——交子。纸币比硬币轻很多，易于携带。

现在的纸币是用专门研制的特殊纸张和油墨印制的，这是为了避免有人伪造纸币。

13世纪，意大利出现了世界上第一家银行，人们可以将钱存进银行账户里，在此之前，人们将钱藏在家里的床底下或地板下面。

20世纪，人们发明了信用卡，这样就不用随身携带纸币和硬币了。现在，我们还可以使用手机进行支付。

计算机

计算机发明于1941年，现在它已经是日常生活中不可缺少的一部分。然而最开始，计算机既不是用来打游戏，也不是用来上网的，最初的计算机只用来计算数据。

1977年，苹果2代电脑成为第一台面向大众销售的微型计算机。

算盘是一种起源于中国的计算工具，在阿拉伯数字出现之前被人们广泛使用。

1642年，法国数学家帕斯卡发明了第一款机械计算器。人们可以通过拨动齿轮，利用这款计算器做加减法运算。

19世纪后期，美国人发明了最早的收银机。收银机上配有数字按键，与齿轮和手柄配合使用，能进行简单的计算，并将交易金额显示在纸条上。

1941年诞生的阿塔纳索夫-贝瑞计算机是世界上第一台电子计算机。诞生于1946年的埃尼阿克是世界上第一台通用型电子计算机。它非常大，重达27吨，需要一间巨大的屋子才能装下。

最初的计算机没有显示器，只有一个可以输入数字的键盘。

这是最初的鼠标（1968年的鼠标原型机）。

后来人们又发明了显示器和鼠标，之后是带字母的键盘，可以通过键盘输入信息。后来，计算机变得越来越小，个人电脑出现了。

后来，便携、轻巧的笔记本电脑诞生了。一体机把机箱和显示器等结合在了一起。平板电脑也逐渐发展起来。

最初，计算机之间不能相互连接，每台计算机都是单独工作的。科学家们想将计算机连接起来，于是他们首先发明了电子邮件，然后开发了一个庞大的全球网络，也就是互联网。

第一台家用电子游戏机诞生于20世纪70年代。正是有了互联网，我们才能与其他游戏玩家一起进行线上游戏。

如今，计算机已经成为我们生活中的重要工具，有了计算机，我们几乎无所不能：工作、交流、使用GPS定位、操控仪器、驾驶火车和飞机……

动画片和科幻电影中令人难以置信的特效画面都是使用计算机制作出来的。

机器人

随着计算机技术的进步，人们发明了机器人。如今，人们在工厂、医院，甚至家中都会用到机器人，它们灵便、快速，越来越智能。

Nao机器人最早发明于2006年。图中是2014年的第五代Nao机器人。

Nao机器人和一个小孩在踢足球。

工厂里的生产流水线实现了自动化，由计算机控制的机器人可以执行越来越复杂的任务。

在医院里，很多手术都是在医疗机器人的帮助下完成的。还有些机器人越来越接近人类，它们可以说话、踢足球、售卖咖啡……

日常生活中的发明

在日常生活中，我们每天都会使用许多物品，它们使我们的生活更加轻松和便利。我们甚至无法想象没有它们的生活。然而，在100多年前，这些物品都还没有出现。

洗衣机

从前，人们在河边或洗衣房洗衣服。在城市里，洗衣工人负责这项乏味而繁重的工作。19世纪，第一台洗衣机诞生了，人们通过转动把手来搅动洗衣桶。

洗碗机

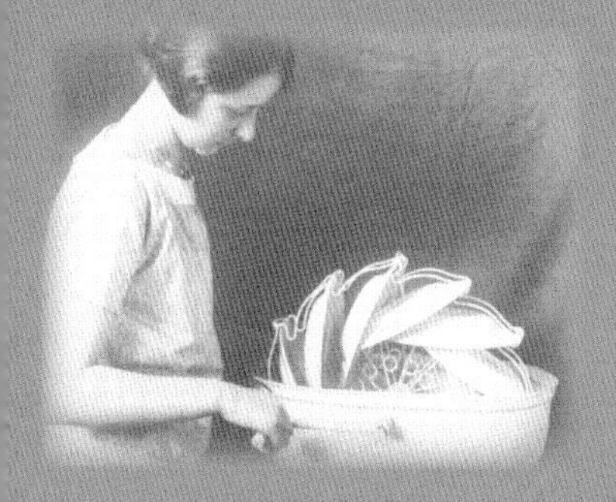

过去，人们只能用手洗碗。19世纪时，手摇式洗碗机出现了，但它只能冲洗碗碟，并不能完全代替手。

1886年，美国女发明家约瑟芬·科克伦取得了自动洗碗机的专利。这台洗碗机首次利用水压清洗碗盘，在发动机的驱动下，将热水喷到碗盘上。

20世纪60年代后，如今人们在家中使用的自动洗碗机才开始普及。

烤　箱

烤箱发明之前，人们把食物悬挂在火上烘烤，或者用锅煨炖。

19世纪，铁制的炉灶诞生了。它可以燃烧木柴或木炭来加热锅炉。直到20世纪中叶，现代烤箱才诞生。

冰 箱

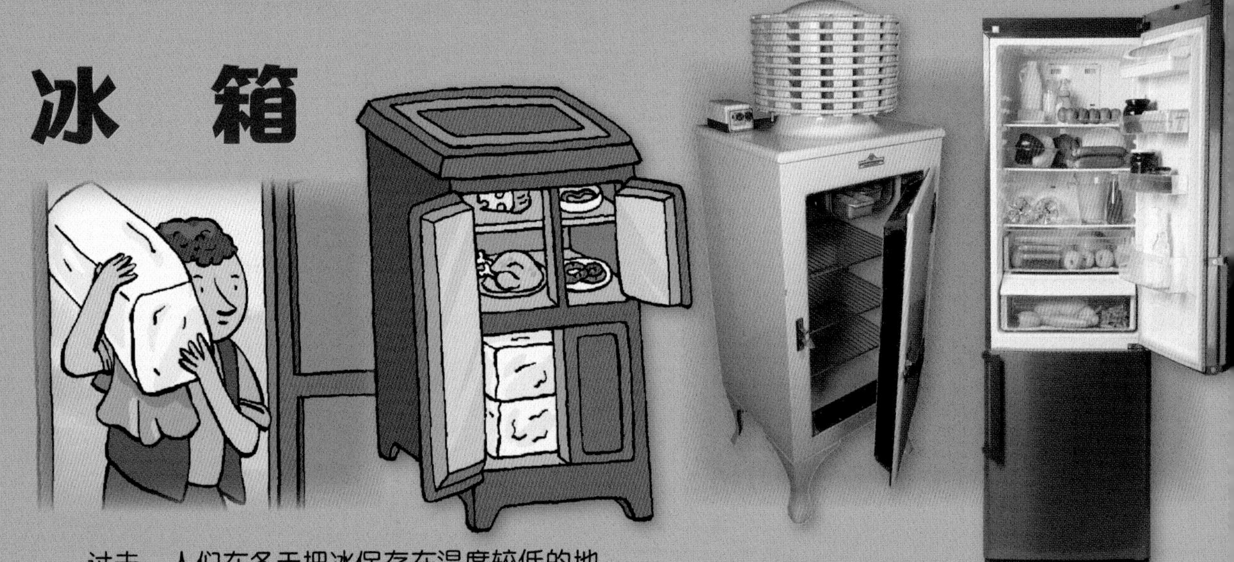

过去，人们在冬天把冰保存在温度较低的地窖里，到了夏天就可以把这些冰拿出来，放在屋里降温，或者制作冰镇的水果等食物。

1913年，第一台家用电冰箱在美国诞生，但是在许多年后才渐渐进入人们的家庭。

吸尘器

真空吸尘器诞生于1901年。早期的吸尘器是一个放置在推车上的大型机器，由发动机提供动力，当时的吸尘器是停在大街上的，人们把它长长的管子穿过窗户伸到房子里吸起灰尘。

不久之后，家用电动吸尘器诞生了。

浴缸

过去，人们在木桶里洗澡。人们先从井里打水，再把水加热，倒进木桶里。

之后，经过防锈处理的铁制和钢制浴缸诞生了，但人们仍然需要提前把水加热。洗澡是一件麻烦的大事！

后来，随着自来水进入千家万户，再加上热水器的发明，浴缸成为常见的家居用品。

厕所

以前，人们使用便壶（夜壶），或者在椅子上挖一个洞，下面放一个盆作为厕所。在中世纪时的欧洲，人们甚至会把排泄物倒在大街上。

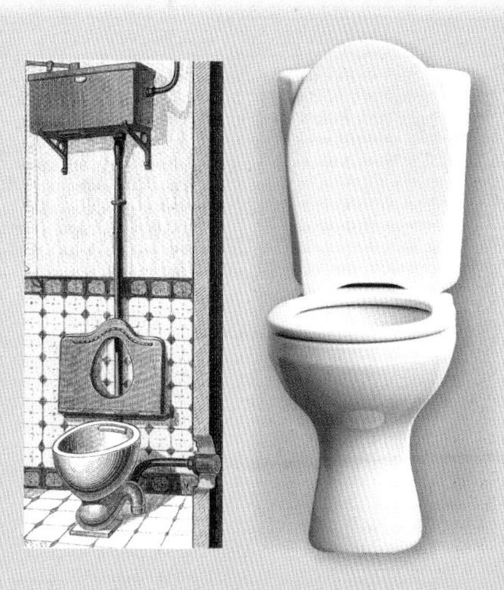

伊丽莎白一世时期，一位英国诗人发明了抽水马桶。直到自来水普及之后，现代马桶才出现。

图片来源

封面 : Pellicule © rennaulka/123rf ; Ampoule électrique © masterzphotofo/Fotolia ; Fusée © Jacques Dayan ; Roue © RMN-Grand Palais (MNAAG, Paris)/Thierry Ollivier ; Robot Nao © Zhang Yuwei/xinhua/Gamma ; Photo gâteau anniversaire © Jenny Sturm/Fotolia.

Pages 2-3 : Fond mégalithes © deric/Fotolia ; Roue automobile © eugenesergeev/Fotolia ; Tour de potier © Erich Lessing/Akg-images ; Roue pleine © James Steidl/123rf ; Roue pleine faites de planches assemblées © Akg-images/Erich Lessing ; Char de Ramsès © The British Library Board/Leemage ; Évolution de la roue © James Steidl/123rf. Pages 4-5 : Noria © De Agostini Picture Library/L. Pedicini/Bridgeman Images ; Femme au rouet © The British Library Board/Leemage ; Moulin à eau © snehit/123rf ; Engrenages © sdecoret/Fotolia. Pages 6-7 : Locomotive à vapeur © M. Schönfeld/Fotolia ; Locomotive de Trevithick © Granger/Bridgeman Images ; La Rocket © Look and Learn/Elgar Collection/Bridgeman Images ; Train de voyageurs à vapeur © Akg-images ; La Big Boy © Granger/ Bridgeman Images. Pages 8-9 : Tricycle de Benz © Universal History Archives/UIG/Bridgeman Images ; Moto de Daimler © Jacques Dayan ; Usine Ford © Bridgeman Images ; Ford T 1923 © Tallandier/Bridgeman Images ; Citroën et Coccinelle © Jacques Dayan ; Peugeot 5008 © Zavatskiy Oleksandr/123rf ; Tesla © teddyleung/123rf. Pages 10-11 : Barque égyptienne © Luisa Ricciarini/Leemage ; Clipper © Archivist/Fotolia ; Bateau à roue à aubes © Photo Josse/Leemage ; Bateau à vapeur à hélice © Selva/Leemage ; Hélice © Arcady/Fotolia ; Pétrolier © James Steidl/123rf ; Paquebot © Yuriy chertok/123rf ; Planet Solar © dpa picture alliance archive/Alamy/Hemis ; Trimaran de François Gabart © Pascal Huit/Presse Sports ; La Tortue © Jacques Dayan. Pages 12-13 : Planeur de Lilienthal © Archivist/Fotolia ; Premier vol en montgolfière © Archivist/Fotolia ; Éole de Clément Ader © Photo Josse/Leemage ; Biplan des frères Wright © Mary Evans Picture Library/Photononstop ; Avion de Louis Blériot © Archivist/Fotolia ; Avion de Charles Lindbergh © Mary Evans Picture Library/Photononstop ; Boeing 247 © SZ Photo/Scherl/Bridgeman Images ; Boeing 247 (embarquement) © Science Photo Library/Akg-images ; Me 262 © Keith Tarrier/Fotolia ; A380, Éraole, Concorde © Jacques Dayan. Pages 14-15 : Décollage de Saturn V © Nasa/Novapix/Leemage ; Lune © nerthuz/Fotolia ; Robert Goddard © Leemage ; V2 © Usis-Dite/Leemage ; R-7 et Vostock 1 ; Mercury Friendship 7 et Atlas © Jacques Dayan ; Youri Gagarine © Itar-Tass/Rue des Archives ; John Glenn © Rue des Archives/Everett ; Partie de la Terre dans l'espace © mikiel/Fotolia ; Mars © pe3check ; Atterrissage du premier étage de Falcon 9, 2016 © spacex.com. Pages 16-17 : Tablette en terre avec inscriptions, Mésopotamie © DeAgostini/Leemage ; Scribe égyptien © Jose Ignacio Soto/Fotolia ; Fond hiéroglyphes derrière scribe © andreahast/123rf ; Tablette avec écriture cunéiforme © Louvre, Paris, France/Bridgeman Images ; Écriture en braille © jdjuanci/Fotolia. Pages 18-19 : Feuille de papyrus © akf/Fotolia ; Parchemin © Alexander Novikov/Fotolia ; Pinceau chinois © Veronika Surovtseva/123rf ; Plume d'oie et encrier © olegdudko/123rf ; Crayon de papier © Alexander Atkishkin/123rf ; Porte-plume © aolivier/Fotolia ; Stylo-bille © Olga Kovalenko/123rf ; Stylo plume © Abel Tumik/Fotolia ; Machine à écrire © sergeka/Fotolia ; Femme tapant à la machine à écrire © Roger-Viollet ; Première machine à écrire danoise, 1880 © Coll. Privée/Leemage ; Pages enluminées © De Agostini Picture Library/W. Buss/ Bridgeman Images ; Johannes Gutenberg découvre l'imprimerie © J. L. Beuzon/Archives Charmet/Bridgeman Images ; Caractères d'imprimerie © dannyburn/Fotolia ; Imprimerie © Simon Coste/Fotolia. Pages 20-21 : Petit garçon et portable © watman/Fotolia ; téléphone de Bell © Bianchetti/Leemage ; Téléphone de 1877 © SSPL/Leemage ; Homme parlant au téléphone (Bell) © Heritage Images/Leemage ; Téléphone de 1907 © DeAgostini/Leemage ; Homme se servant d'un téléphone © Ewing Galloway/UIG/Leemage ; Poste Marty, années 1910 © Bianchetti/Leemage ; Demoiselles du téléphone © SuperStock/Leemage. Pages 22-23 : Poste bakélite 1930 noir © Bianchetti/Leemage ; Poste rouge © dariaren/Fotolia ; Poste à cadran noir © patpitchaya/Fotolia ; Poste à touches noir © 2ban/123rf ; Poste à touches bleu © Li Xuejun/123rf ; Téléphone sans fil © BillionPhotos.com/Fotolia ; Premier téléphone cellulaire © W. Scott McGill/123rf ; Anciens téléphones portables © tomxox/123rf ; Smartphone et Facetime © bloomicon/Fotolia ; Iphone blanc © adrianhancu/123rf ; Petit garçon allumant un poste de radio, 1949 © LAPI/Roger-Viollet ; Poste de radio à galette ALCD, 1920 © CNAM ; Paris, Archives Charmet/Bridgeman Images ;

Poste de radio à lampe © bbbastien/Fotolia ; Poste de radio, 1936 © Granger/Bridgeman Images ; Poste de radio transistor blanc © scanrail/Fotolia ; Transistor marron © aleximx/Fotolia ; Radio portative bleue © Vaidas Bucys/123rf ; Poste de radio double-cassettes © Driving South/Fotolia. Pages 24-25 : Niépce © AGE/Photononstop ; Photographie « Point de vue du Gras », 1826 © Granger NYC/Rue des Archives ; Appareil photo de Niépce (chambre noire) © Tallandier/Rue des Archives ; Photo coloriée au pinceau © Lux-in-Fine/Leemage ; Pinceau © KazantsevAlexander/Fotolia ; Photographie en couleur © PVDE/Bridgeman Images ; Appareil à soufflets de J. Lancaster, 1890 © AKG-images ; Kodak, 1888 © SSPL/Leemage ; Leica , 1925 © alper/Fotolia ; Rouleaux de pellicules © Anton/Fotolia ; Reflex © Deyan/Fotolia ; Appareil compact © Jeerayut/Fotolia ; Appareil photo numérique © Nikolai Sorokin/Fotolia ; Smartphone avec photo coquelicot © think4photop/Fotolia ; Film couleur © Leigh Prather/Fotolia. Pages 26-27 : Photos en défilé de cavalier © SSPL/Leemage ; Cinématographe, 1895 © National Media Museum, Bradford, West Yorkshire/Bridgeman Images ; Bobine de film © Igor Zakharevich/123rf ; David Wark Griffith et Billy Bitzer en tournage, 1912 © Iberfoto/Photoaisa/Roger-Viollet ; Tournage caméra sur rail © Prod DB/AllPix/Aurimages ; Cameraman © shocky/Fotolia. Pages 28-29 : Femme regardant la télévision © Andrey Popov/Fotolia ; Poste de télévision 1955 © PVDE/Bridgeman Images ; Famille regardant la télévision © Ewing Galloway/UIG/Leemage ; Télévision en couleur © glyphstock/Fotolia ; Poste de télévison © Sherghei Velusceac/Fotolia ; Écran plat © Cobalt/Fotolia ; Cadran solaire © DeAgostini/Leemage ; Montre à gousset © pbombaert/Fotolia ; Montre à quartz © janvier/Fotolia ; Montre avec chiffre © Tarzhanova/Fotolia ; Montre téléphone © Milosh Kojadinovich. Pages 30-31 : Ampoule électrique sur fond bleu © supachai/Fotolia ; Lampe préhistorique © Selva/Leemage ; Bougie allumée © byzonda/123rf ; Éclairage des rues au gaz © Roger-Viollet ; Lampe à pétrole © weber11/Fotolia ; Thomas Alva Edison et son invention © PrismaArchivo/Leemage ; Ampoule à filament d'Edison © SSPL/Leemage ; Ampoules électriques actuelles © stockphoto-graf/Fotolia. Pages 32-33 : Billets de différentes monnaies © alfexe/Fotolia ; Tas de pièces de monnaie © Thierry Hoarau/Fotolia ; Monnaie du roi Crésus © DeAgostini/Leemage ; Billet de banque chinois ©North Wind Pictures/Leemage ; Billet de 20 euros © bluedesign/Fotolia ; Infographie bureau de banque © aurielaki/123rf ; Carte de crédit © goir/Fotolia. Pages 34-35 : Apple II © SSPL/Leemage ; Chinois et boulier © Isadora/Leemage ; Boulier en bois © Todsaporn Bunmuen/123rf ; Pascaline © AKG-images/Science Source ; Blaise Pascal et sa pascaline © akg-images/Science Photo Library ; Caisse enregistreuse de 1930 © ClassicStock/Akg-images/H. Armstrong Roberts ; Eniac © PVDE/Bridgeman Images ; Femme et ordinateur des années 1960 © SuperStock/Leemage ; Prototype de souris, 1968 © PVDE/Bridgeman Images ; IBM XT PC, 1983 © SSPL/Leemage ; Apple Macintosh, 1984 © SSPL/Science Museum/Leemage ; Ordinateur portable © Arina Zaiachin/123rf ; Ordinateur écran plat © scanrail/123rf ; Tablette © Daniel Boudineau. Pages 36-37 : Ordinateur et pages Web © Nmedia/Fotolia ; Symbole arobase © chesky/Fotolia ; Console jeu vidéo © brizmaker/Fotolia ; Cockpit © kasto/Fotolia ; GPS © Patryck Kosmider/Fotolia ; Cars : au pays des 4 roues de John Lasseter © Rue des Archives/Everett ; Robot Nao © Zhang Yuwei/Xinhua/Gamma ; Robots industrie automobile © cheskyw/123rf ; Enfant jouant au football avec le robot Nao © tixti/123rf ; Robot chirurgical © Ekkasit Keatsirikul © 123rf. Pages 38-39 : Laveuses, par Alvaro Alcana Galiano © Neurdein/Roger-Viollet ; Affiche publicitaire pour la machine à laver , 1869 © Granger/Bridgeman Images ; Machine à laver © Andriy Popov/123rf ; Jeune femme utilisant un lave-vaisselle manuel © Ullstein Bild/Roger-Viollet ; Josephine Cochrane et son lave-vaisselle © DR ; Lave-vaisselle © P.S./Fotolia ; Four charbon, gaz, électricité © De Agostini Picture/G. DAgli Orti/Bridgeman Images ; Combiné four et four à micro-ondes © navintar/Fotolia ; Plaques à induction © Alexander Kharchenko/123rf. Pages 40-41 : Réfrigérateur 1927 © Birmingham Museums Trust ; Réfrigérateur/congélateur actuel © Africa Studio ; Aspirateur sur charrette, 1901 © Look and Learn/Bridgeman Images ; Aspirateur 1900 © SZ Photo/Scherl/Bridgeman Images ; Aspirateur actuel © Vtis/Fotolia ; Archimède dans son bain © TopFoto/Roger-Viollet ; Baignoire © Phanuwat Nandee/123rf ; Chaise percée et pot de chambre © Andreas Altenburger/123rf ; W.-C. avec chasse d'eau, gravure Poyet, 1886 © Mary Evans/Rue des Archives. Toilettes © Rawf8/Fotolia.

图书在版编目（CIP）数据

了不起的发明 /（法）埃马纽埃尔·勒珀蒂著；（意）贝妮代塔·吉奥弗雷，（意）恩里卡·鲁西娜绘；王丁丁译. — 广州：岭南美术出版社，2023.2
（探秘万物儿童百科·走近科学）
ISBN 978-7-5362-7559-1

Ⅰ.①了… Ⅱ.①埃… ②贝… ③恩… ④王… Ⅲ.①创造发明—儿童读物 Ⅳ.①N19-49

中国版本图书馆CIP数据核字(2022)第162937号

著作权合同登记号：图字19-2022-111

出 版 人：刘子如
责任编辑：李国正 周章胜
助理编辑：沈 超
责任技编：许伟群
选题策划：王 铭
装帧设计：叶乾乾
美术编辑：胡方方

探秘万物儿童百科·走近科学
TANMI WANWU ERTONG BAIKE · ZOUJIN KEXUE
了不起的发明
LIAOBUQI DE FAMING

出版、总发行：岭南美术出版社 （网址：www.lnysw.net）
（广州市天河区海安路19号14楼 邮编：510627）
经 销：全国新华书店
印 刷：深圳市福圣印刷有限公司
版 次：2023年2月第1版
印 次：2023年2月第1次印刷
开 本：889 mm×1194 mm 1/24
印 张：22
字 数：330千字
印 数：1—5000册
ISBN 978-7-5362-7559-1

定 价：218.00元（全12册）

策划 / 海豚传媒股份有限公司
网址 / www.dolphinmedia.cn 邮箱 / dolphinmedia@vip.163.com
阅读咨询热线 / 027-87391723 销售热线 / 027-87396822
海豚传媒常年法律顾问 / 上海市锦天城（武汉）律师事务所
张超 林思贵 18607186981

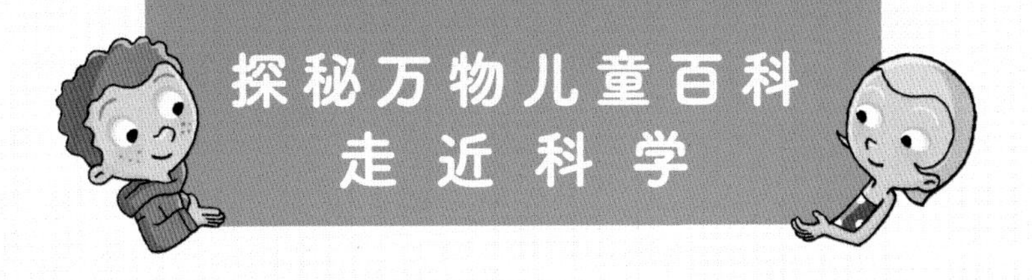

人体的奥秘

[法] 埃马纽埃尔·勒珀蒂 / 著　[法] 弗朗索瓦·丹尼尔、安妮·德尚布尔西 / 绘
王丁丁 / 译

SPM 南方传媒 | 嶺南美術出版社
中国·广州

所有人都长得一样吗？

在同一间教室里，有高个子，有矮个子；有人瘦，有人胖；有棕头发，有金头发；有绿眼睛、蓝眼睛，也有浅褐色的眼睛……但是通常没有人有3条腿或者5条胳膊。我们的形体是相似的，但每个人又是独一无二的。

当然了，虽然我们会和自己的家人很像，但地球上没有两个人是一模一样的！

即使是看起来一模一样的双胞胎，他们的指纹也不一样。世界上没有一模一样的指纹。

嗓音也是独一无二的。每个人说话的声音都与众不同，很容易识别。

世界上生活着拥有不同身体特征的人。皮肤的颜色、瞳孔的颜色、头发的颜色、身高等诸如此类的特征，都是父母遗传给我们的。每个人都是这些细节的集合体。

我们的骨骼

在皮肤下面，我们能感受到一些坚硬的东西，这就是骨头，它们共同构成了骨骼。如果没有骨骼，我们就会像鼻涕虫一样软弱无力，站不起来。

有些骨头很长，有些骨头很短，有些骨头是圆的，有些骨头是扁平的。

我们身体里的每一块（根）骨头都扮演着重要的角色。颅骨像头盔一样保护着大脑；由肋骨组成的胸腔是包裹肺和心脏的盔甲；脊椎骨组成的脊柱支撑着头部，使身体既可以保持直立，也可以弯曲。

刚出生的婴儿大约有305块（根）骨头，随着成长，婴儿的一些骨头会合并在一起。成年人一共有206块（根）骨头。

骨头会随着我们的成长而长大吗？
骨头的外层比花岗岩还坚硬，内部却像海绵一样多孔、松软！大部分骨头内有骨髓，骨髓可以制造血液。
我们的骨头可以弯曲吗？

骨头会一直长到20岁左右，然后就停止生长了。要想拥有强壮的骨骼，最好食用充足的乳制品。

骨头本身不能弯曲，但是它们在关节处（肘关节、膝关节、肩关节、腕关节）通过韧带相连。因此，我们可以做出各种姿势。

骨头可能会摔断！
X光片是干什么的？
X光片

如果不小心跌倒，你可能会摔到腿或手臂，必须到医院拍X光片来确认有没有骨折。

X射线不容易穿透骨头，所以能拍出骨头的状态。如果X光片显示有骨折，医生会用石膏把骨折的部分固定起来，防止移位。骨头骨折后通常要两到三个月才会长好。

有趣的肌肉！

人的身体有大约639块肌肉。多亏了肌肉，我们才能活动、呼吸，甚至是眨眼和做鬼脸。肌腱把肌肉与骨头连接在一起，肌腱可以牵动骨头并使其活动。

光是面部就有40多块肌肉，有了这些肌肉，我们才能微笑、大笑和咀嚼。

心脏也是由肌肉组成的，它日夜不停地工作。

位于肺下方的膈肌能帮助我们进行呼吸，它时刻不停歇。

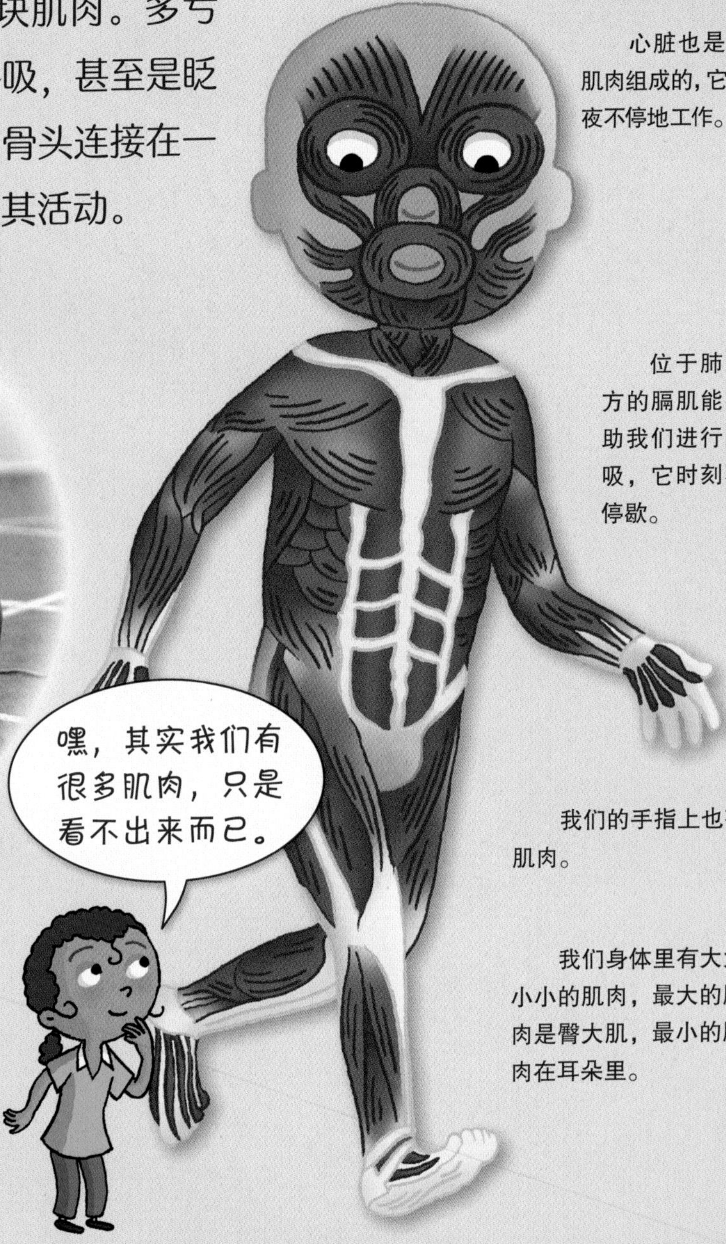

嘿，其实我们有很多肌肉，只是看不出来而已。

我们的手指上也有肌肉。

当你剧烈运动时，你的肌肉也会更努力地工作，它们会变得更结实。有时，我们甚至可以看到皮肤下肌肉的形状，例如肚子上的腹肌。儿童的肌肉比较小，通常看不到，但它们就在你的身体里。

我们身体里有大大小小的肌肉，最大的肌肉是臀大肌，最小的肌肉在耳朵里。

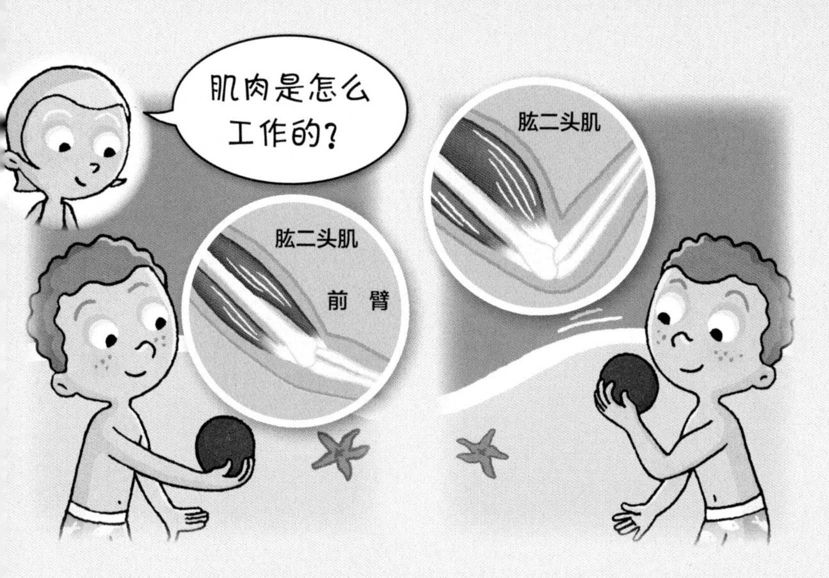

提重物之前，大脑会向肱二头肌（手臂内的肌肉）发出指令：“收缩！”肱二头肌隆起并拉动前臂中的骨头，使手臂抬起。即使是睡觉的时候，我们的身体内也有一些肌肉在工作。

运动前，我们必须先让肌肉做好准备，这就是我们通常说的“热身”。

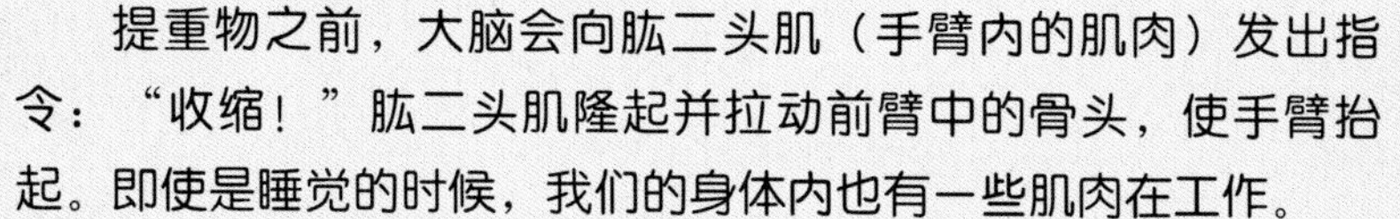

如果你不小心崴了脚，踝关节内的韧带可能会撕裂或断裂，也就是踝关节扭伤。

大多数扭伤比较轻微，扭伤后，你需要及时就医，遵医嘱处理。

很可惜，肌肉会退化。患上肌萎缩的病人肌肉会减少而且没有力量，甚至无法再行走或站立。

心　脏

心脏是身体里最重要的肌肉，它是我们的引擎！心脏位于两肺之间，也许你没有意识到，但心脏一直在跳动。

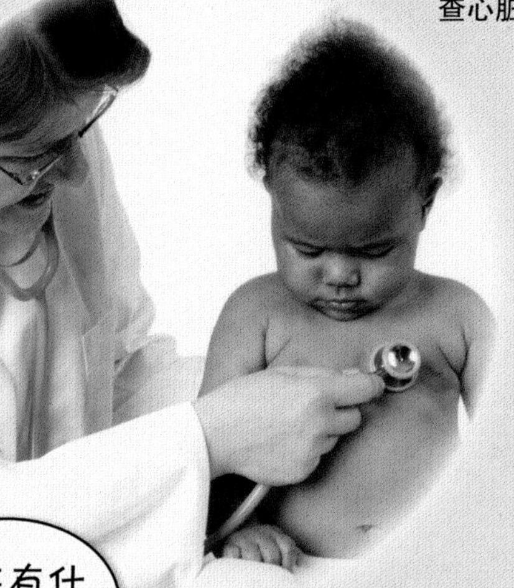

医生会用听诊器检查心脏是否正常跳动。

攥紧你的拳头，这大概就是你的心脏的大小。

心脏有什么用？

心脏是一个小小的超级泵。心脏一张一缩，挤压血液，促使它们通过大大小小的血管在全身游走！富含氧气的血液（红色部分）为身体各个部位提供能量和氧气，确保各个器官正常运转；同时，消耗过氧气的血液（蓝色部分）携带着二氧化碳等代谢产物，从身体的各个部位回到心脏。

体积越小的动物，心脏跳动越快。婴儿的心脏每分钟跳动约140次，成人则是每分钟60～100次。老鼠的心脏每分钟跳动约500次，而鲸的心脏每分钟只跳动9次。

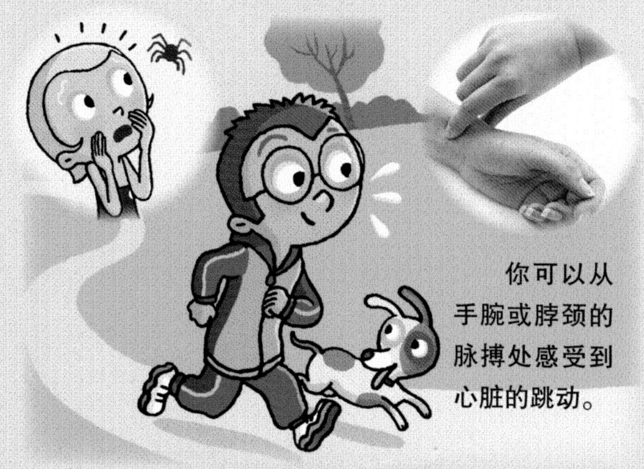

你可以从手腕或脖颈的脉搏处感受到心脏的跳动。

有时，我们的心脏跳动得非常快。例如，运动的时候，肌肉会更加努力地工作，需要心脏输送更多的血液；当我们害怕或惊喜时，心跳也会加速。

人们坠入爱河时，会感到心怦怦直跳……

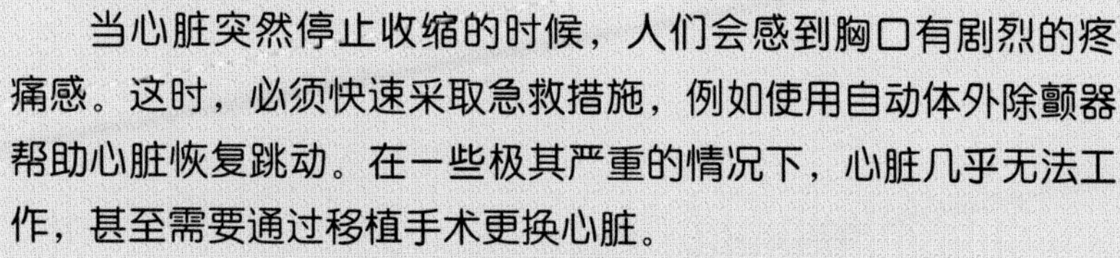

当心脏突然停止收缩的时候，人们会感到胸口有剧烈的疼痛感。这时，必须快速采取急救措施，例如使用自动体外除颤器帮助心脏恢复跳动。在一些极其严重的情况下，心脏几乎无法工作，甚至需要通过移植手术更换心脏。

呼吸系统

呼吸并不是一件难事！我们虽然意识不到，但却一直在呼吸。肺部通过收缩和扩张把空气中的氧气传递给血液，然后把体内的二氧化碳排出体外。

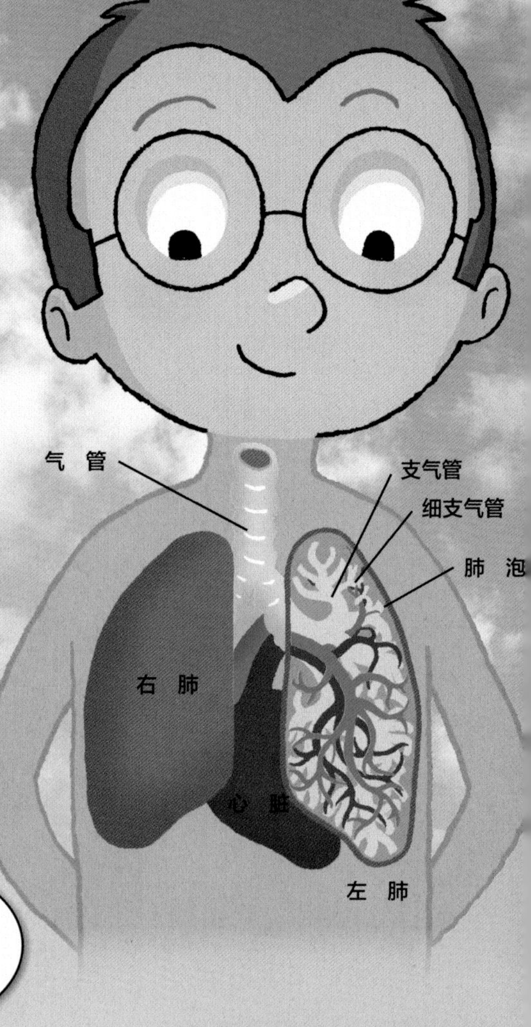

呼吸到底是什么？

呼吸是气体交换的过程。“吸”就是深吸一大口空气，“呼”是释放出充满二氧化碳的废气。

肺就像两棵带有细细枝干的大树。空气通过气管进入支气管，然后进入细支气管，最后到达肺泡。肺泡是聚集在细支气管末端的像葡萄一样的小口袋，氧气和二氧化碳在这里进行交换。

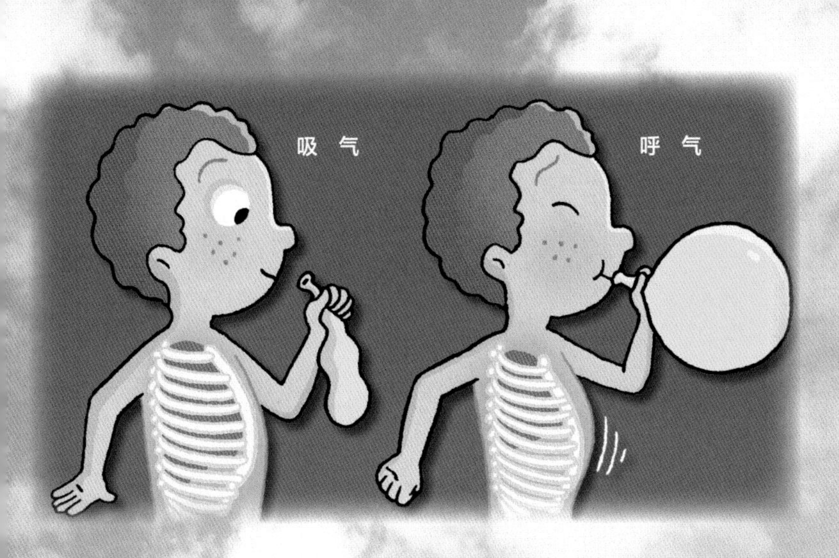

当你吸气时，胸部会鼓起来，肺部扩张，外界的空气从鼻子或嘴巴吸入身体里，然后通过气管到达肺部。呼气时，肺部收缩，释放出含有二氧化碳的空气。

鱼用鳃过滤水中的氧气，但是人类没有鳃。在水下的时候，我们必须屏住呼吸或借助水下呼吸器呼吸。

支气管黏膜的纤毛可以清除肺里的黏液和杂质，保护肺部免受细菌侵害。但吸烟产生的有毒烟雾会破坏这种纤毛，使人咳嗽或更频繁地生病。随着时间的推移，吸烟会严重损害肺部健康。

小朋友肺部的管道更细弱，容易堵塞或发炎，所以小朋友容易咳嗽。

吃 饭

当体内的能量耗尽时，你会感到饿，肚子会咕咕地叫，这是胃在提醒我们：“该吃饭了！”我们吃下的食物在体内发生变化，为我们提供了思考、运动、成长以及保持健康所需要的能量。

我都要饿晕了！

嗯，我喜欢胡萝卜。

学校食堂里的菜单是由营养师制定的，营养师会对菜品进行营养搭配，看看是否包含生长和发育所需的营养素。

别吃这么快！

如果肚子饿了，我们就无法集中注意力，感觉十分虚弱，这时就需要吃些东西，恢复体力。

什么是营养菜单？

为什么不能吃得太快？

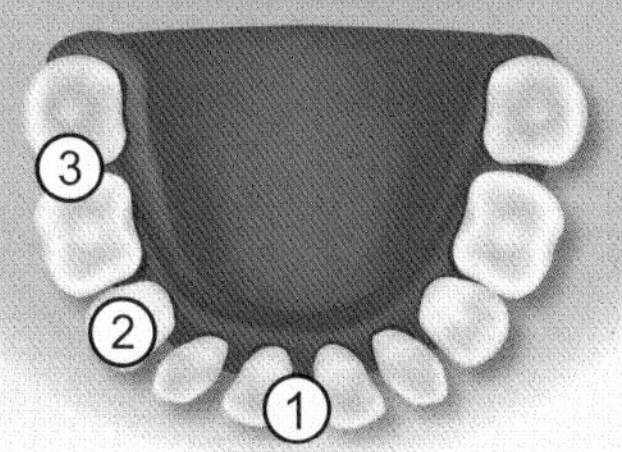

切牙（见①）把食物切断，尖牙（见②）把食物（例如肉类）撕开，又大又平的磨牙（见③）把食物磨碎。

好好用牙齿咀嚼，我们才能更好地消化食物，吸收营养。饭后不要立刻进行剧烈运动，这样会减少胃肠道的血液供应，使消化和吸收困难。

吃饭后犯困是怎么回事？

饭后人们会感到疲倦，这是因为大量的血液跑到了肠胃帮忙消化，大脑会因为缺血而犯困。（见下页）

为什么不能挑食？
肉、鱼、蛋和一些豆类都富含蛋白质。
蔬菜和水果富含维生素。
一些蔬菜，例如菠菜、洋蓟（jì）、扁豆都含有矿物质。
乳制品含有丰富的钙。
喝水真的很重要吗？

身体需要各种各样的食物才能良好地运转：蛋白质可以使身体变强壮，还能帮助我们思考；维生素可以调节人体机能，还能预防疾病；钙可以促进身体长高，使我们拥有强健的体魄。

水是人体必需的物质，它可以让身体的器官正常运转。我们必须经常喝水。

唾液有什么用？

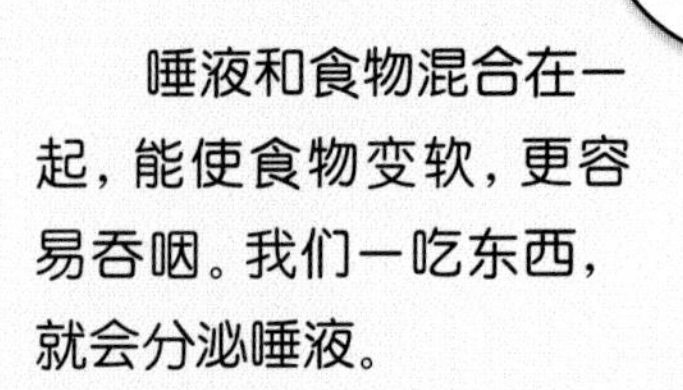

唾液和食物混合在一起，能使食物变软，更容易吞咽。我们一吃东西，就会分泌唾液。

消化时会发生什么？

为了充分利用食物，我们需要把食物磨碎，并吸收其中的精华——营养，这个过程就是消化。

尿是什么？

器官在运转时会排出代谢废物，这些废物被血液携带着流入肾脏，过滤出多余的水分。随后，过滤出的水分与代谢废物被送到膀胱。当膀胱存满尿液时，你就会想小便。

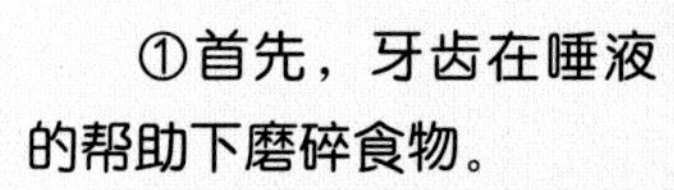

①首先，牙齿在唾液的帮助下磨碎食物。

②磨碎的糊状食物通过食道进入胃里。

③胃把糊状物研磨得更小、更细。

④研磨后的食物在小肠内变成更细的糜状。细小的营养物质被小肠的绒毛吸收，穿过管壁输送到血液中，在身体内循环流动。

大便是什么？

食物的营养被小肠吸收后，只剩下水分和人体无法吸收利用的食物残渣。残渣沿着肠道向下移动，变成粪便，被排出体外。

屁是食物在消化的过程中在肠道形成的废气，通过肛门排出。屁一点儿都不好闻。

如果我们吃得太多，或者吃的食物不新鲜、没处理好、太油腻，胃就会抗议。这时我们就会吃不下食物，甚至会肚子痛、呕吐。有时，我们吃得太快，食物没有被完全咀嚼，或者胃里负荷太大，也会肚子痛。

如果食物进入气管而不是食道，可能会引起窒息，但只要将食物咳出来就没事了。

肝脏在胃附近，是消化系统的卫士。它对食物进行分类，辨别出哪些是身体需要的物质，并把身体不需要立刻使用的能量储存起来。如果吃下去的食物产生的热量消耗不完，多余的就会变成脂肪，让我们变胖。

大脑和神经系统

我们的头颅里藏着一个不可思议的神奇器官——大脑。它有点儿像人体的中央处理器。大脑通过遍布全身的神经系统传达命令，神经系统连接着无数小的感应器。

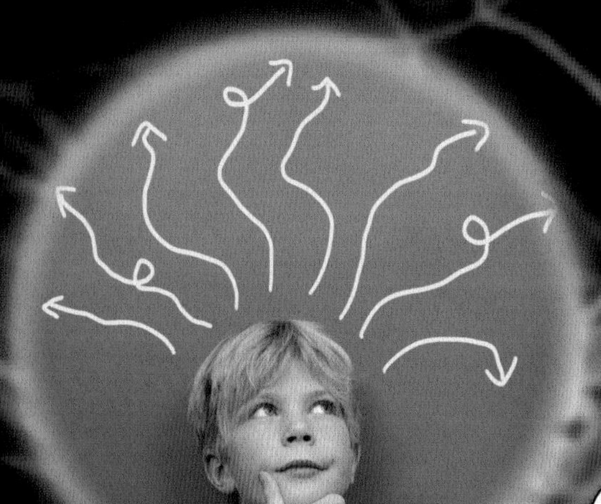

脊髓就像大脑的尾巴，顺着背部通过脊柱向下延伸。神经系统就是从脊髓辐射开来的巨大网络，大脑就是通过这个网络与身体的各个部位相连的。整个神经系统传输着几十亿条信息。

超级快！信号不到一秒就能传递过去。被刺痛时，我们会飞快地收回手。如果有球迎面飞过来，我们会下意识地抬起手保护自己。

对，这就是反射，比如，当你听到巨大的声响时，你会吓一跳。

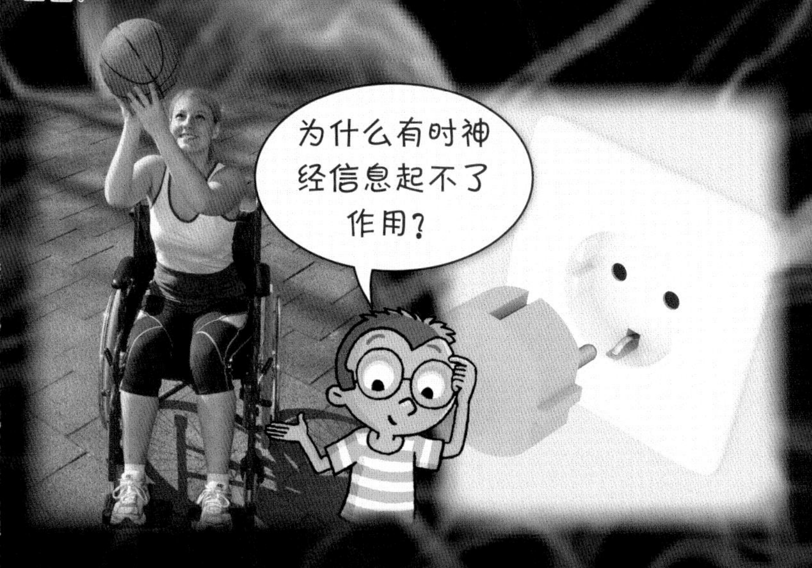

如果脊髓在严重的事故中受到损伤，神经信号的传输就会出现问题。身体的部分器官会与大脑断开连接，就像电器被拔掉插头一样。脊髓受损可能导致腿部无法对大脑的命令做出反应。

这种感觉是在提醒大脑，你的坐姿不利于血液循环。

骑车、呼吸和消化等活动都是在大脑的操控下完成的。

大脑从不休息吗？

但是大脑是如何同时做到这些的呢？

大脑控制着一切！例如，当你骑自行车时，是大脑告诉你的双腿要踩踏板，也是大脑让你看到路上突然蹿出来的小猫，并让你转动车把避开它。

大脑超级强大！它的不同区域可以同时工作，互不干扰，所以我们可以同时做几件事。

大脑的某些部分必须不停地工作，才能维持心脏的跳动和肺部的扩张等。到了晚上，大脑会在我们睡觉时整理一天中发生的事情和学到的东西，并将重要的记忆保存下来。这时，大脑皮层的细胞会充分休息，以保持良好的状态。

小心！
他的反应好迅速！

大脑是什么样子的？

大脑看起来就像一个又大又软的核桃，它分成很多个区域，每个区域都有不同的分工。

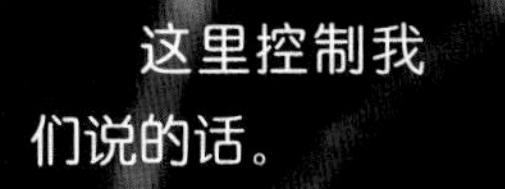

这里控制我们说的话。

这个区域能指挥肌肉，让身体运动。

这里掌管着触觉，让我们分辨出一个物体是柔软的还是扎人的，是热的还是冷的。

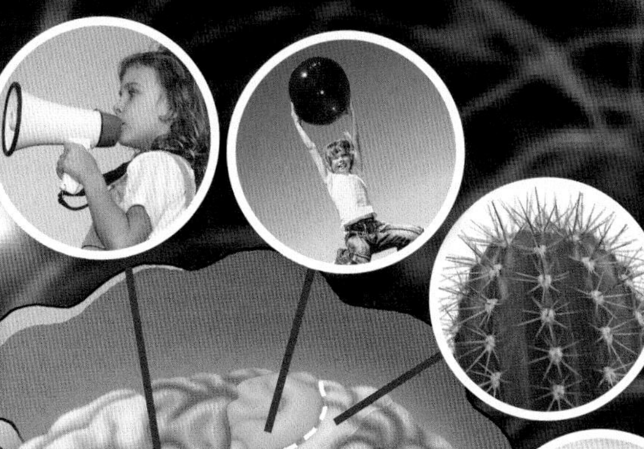

大脑最前方的区域负责思考、想象和创造。

这是分析食物的味道的区域。

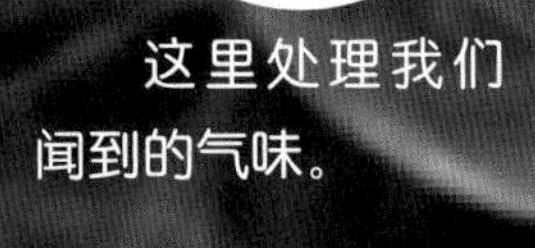

这里处理我们闻到的气味。

这是处理我们看到的图像的区域。

这里分析我们所听到的声音。

我的记忆在哪儿呢？

大脑中的一切都井然有序：大脑根据记忆的性质把它们储存在不同区域——这里是感觉记忆，那里是音乐记忆，那里有我们在学校学到的东西，还有游泳、骑自行车的姿势等。

大脑对身体接收到的信息，包括图像、感觉、气味、声音等进行分析，并指导我们做出反应。

小脑负责我们的肢体动作，包括摆出姿势、保持平衡、做运动等。

五大感官

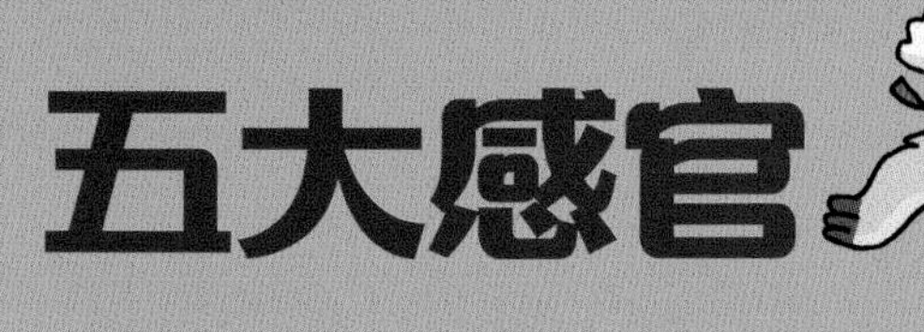

听觉、视觉、味觉、嗅觉、触觉……五大感官使我们能与周围的事物接触，为我们避免了很多麻烦，也为我们提供了很多乐趣……

我们通过眼睛看到东西，这是视觉（见①）；通过耳朵听见声音，这是听觉（见②）；通过鼻子闻到气味，这是嗅觉（见③）；通过舌头尝到味道，这是味觉（见④）；通过皮肤感受到事物，这是触觉（见⑤）。

视觉

我们是怎么看到东西的？

看看你的眼睛。眼睛中间的小圆孔就是瞳孔。环绕在瞳孔周围的圆盘是虹膜，它赋予了眼睛不同的颜色。光线通过瞳孔进入眼睛，根据光线的强弱，瞳孔会变大或缩小。眼睛就像一台照相机，外面的景色通过晶状体投射到视网膜上，再通过视网膜传输到大脑，这样我们就看到东西了。

我们为什么有眼睑？

眼睑就像一个守护眼球的卫士，它能保护眼睛免受伤害。或许我们并没有意识到，但眼睛一直在产生泪液。眨眼时，眼睑会将泪液散布到眼球上，帮助眼睛清除灰尘，防止眼睛发涩发干。

睫毛和眉毛也能保护眼睛：眉毛可以防止额头上的汗水流进眼睛，睫毛可以挡住灰尘。

小心！强烈的阳光对眼睛伤害很大。即使我们戴着太阳眼镜也不可以直视太阳！

不是所有的眼睛都能出色地完成它的工作，有些人会看不清东西。眼镜可以帮助我们提高视力，看清世界。

听觉

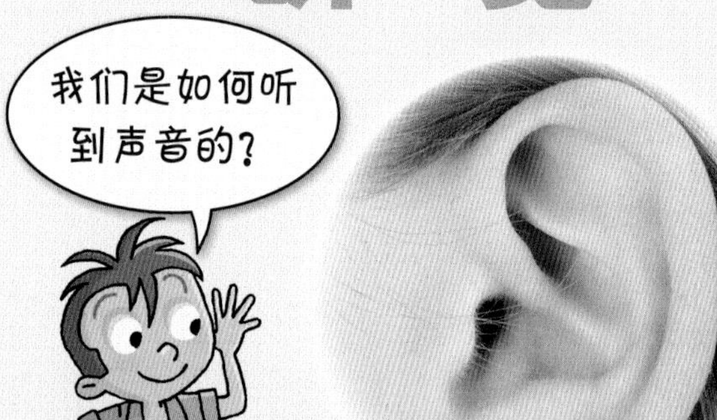

声音是物体振动产生的声波。耳朵之所以长成贝壳的形状，就是为了更好地捕捉来自四面八方的声波，将声波传送到鼓膜，使鼓膜产生振动。听觉神经把这些信号传递给大脑，我们就听到声音了。鼓膜是一层薄膜，十分脆弱，所以不要听太嘈杂的音乐。

啊，耳朵好痛！这可能是因为鼓膜受到了细菌的攻击，引发了炎症，这时必须去医院治疗才能快速痊愈。

嗅觉

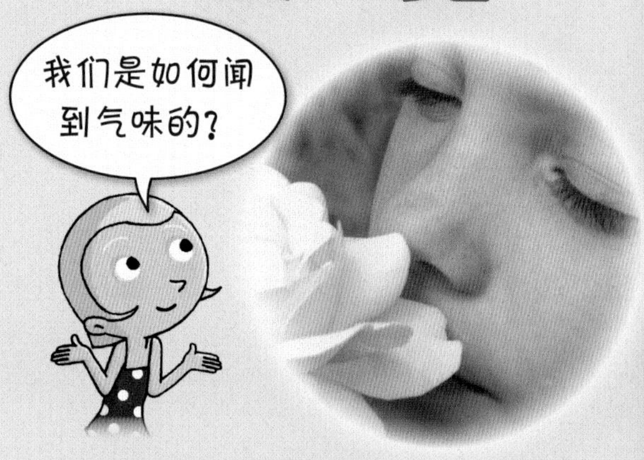

气体分子是一种飘浮在空中的微小颗粒。当这些小颗粒到达鼻孔深处时，鼻孔中的嗅觉细胞会捕捉并分析它们，然后把信号传输到大脑，大脑将它与记忆中已有的气味进行比较，我们就能识别出刚刚闻到的气味啦。

当鼻子不通气时，嗅觉细胞就无法再收集气体分子，我们也就闻不到气味了。

味觉

鼻子和嘴巴由一条小管相连。我们正在咀嚼的食物产生的气味会通过这条小管到达鼻子。因此，我们感觉到了食物的味道。

有了舌头，我们才能尝出味道。遍布舌头的味蕾能够检测和辨别食物的各种味道。如果舌头被烫伤或者过于干燥，味觉就会不敏感。

触觉

皮肤下隐藏着一些小型传感器，一旦我们触摸到东西，它们就会告诉我们碰到的东西是带刺的，还是潮湿的，或是发烫的……如果有痛感，我们会立刻做出反应。

皮肤包含了一系列感受器：识别质地的感受器（分辨光滑或粗糙，柔软或坚硬，液体或固体）、识别温度的感受器、识别压力的感受器（刺痛、摩擦或挤压）以及识别疼痛的感受器。

皮 肤

皮肤就像盔甲，保护我们免受微生物、灰尘、日晒和寒冷的侵害。小心！皮肤害怕强烈的日晒。

你们涂防晒霜了吗？

皮肤由纤维组成，具有抵抗力和防水性，还富有弹性——孕妇肚子上的皮肤会被撑大、撑薄。

皮肤会被撑大吗？

你也会晒伤吗？

好热啊，全身都汗透了。

为了保护皮肤免受太阳紫外线的伤害，皮肤自身会产生一种棕色物质——黑色素。深色皮肤比浅色皮肤含有更多的黑色素，因此深色皮肤不那么容易晒伤，但是也需要好好保护。如果我们不涂防晒霜就把自己暴露在日光下，皮肤就没有时间产生黑色素，这会使皮肤受伤。

雀斑是富含黑色素的小圆点。浅色皮肤中的黑色素少，容易受到紫外线的伤害，形成雀斑。

汗水是从汗腺排出来的，我们全身的皮肤上都分布着汗腺。当我们感觉热时，汗腺就会释放汗水，调节体温，让身体凉爽；感觉寒冷时，毛孔收缩，汗毛竖起来，我们浑身都会起鸡皮疙瘩。

我们的毛发

我们长头发和指甲不光是为了美观。头发是头部的第一道保护屏障，指甲是手指抵御撞击的小型盾牌。

一个人通常有8万到12万根头发，300万到500万根汗毛。

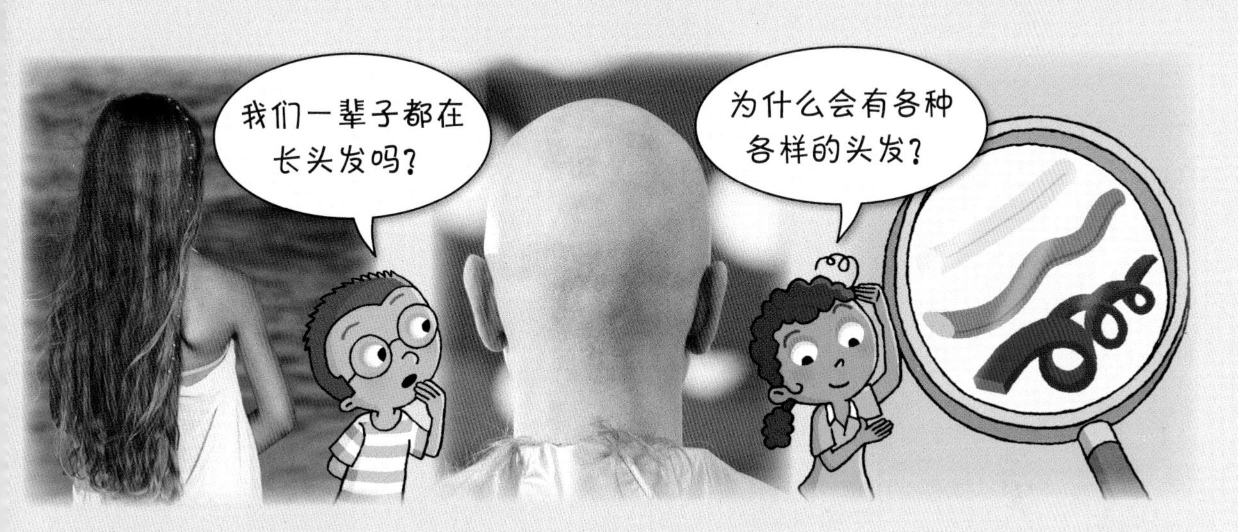

头发是从毛囊里长出来的。头发每月会增长约1厘米，6年后开始脱落，之后立刻会有新头发长出来。随着年龄的增长，头发根部的毛囊会萎缩，尤其是男性，头发会变少，或者不再生长。

头发有多种多样的形态，例如稀疏的卷发、螺旋状的卷发、直发、细发……头发的形态取决于毛囊的形状。

人类的祖先身上曾覆盖着长长的毛发，这是为了保护他们免受寒冷和雨水的侵袭。在人类进化的过程中，毛发的作用没有那么大了，因此人类的毛发变少了。

虱子寄生在头发里，它会咬破头皮并吸食血液。好痒啊！

指甲可以不停地生长，但是如果指甲太长，就会很不方便！

伤　口

受伤通常会给皮肤带来伤口，比如，划伤或者割伤会导致伤口流血，这些血来自皮肤下面的血管。伤口如果不大，很快就会自行愈合。

烫伤、抓伤、割伤、撞伤……在受伤的瞬间，大脑会发出疼痛信号，提醒我们受伤了。

受伤后正确的处理方式是：用消毒液清洁伤口，杀死细菌，避免感染。

啊！
流血了！
为什么头上鼓起了一个大包？

当头部受到磕碰时，皮肤下的血管会破裂，血液在头骨和皮肤之间淤积，隆起一个肿块。这时应该用冰块冷敷，因为低温有助于消肿。

为什么伤口
会结痂？
淤青是什么？
两天后

受伤后，血管破裂会引起出血，随后血小板会聚集在伤口处，释放“凝血因子”，将血液变得黏稠、凝固并结痂。千万不要强行把痂揭开，等新的皮肤完全长好后，痂会自动脱落。

有时受到碰撞后，皮肤表面可能没有明显的伤口，但皮肤下面的血管会破裂，血液在皮肤下凝固，把皮肤变成青紫色。

划伤或割伤后
该怎么办？
哎哟！

划伤或割伤后，伤口会流血，我们要立刻用干净的水冲洗伤口，给伤口消毒并且包扎。如果处理得当，伤口便不再流血，很快就会愈合了。

烫伤后该
怎么办？

如果被烫伤了，要立即用干净的流动的冷水冲洗伤口十来分钟。如果被严重烫伤或烧伤，要用湿布将伤口盖住，然后立刻去医院。

生 病

有时，我们会无精打采，额头发热，浑身出汗、发抖，既没有心思玩，也不想吃东西……毫无疑问，这是生病了！有时身体可以自愈，但有时我们需要寻求医生的帮助。

病毒和细菌害怕高温。当受到它们攻击时，身体会通过升高体温来保护自己。这是身体与入侵者战斗的标志。

致病菌和病毒究竟是什么？

为什么我的额头这么热？

你发烧了，可能是细菌感染。

致病菌和病毒是微小的生物，你看不到它们，但它们无处不在。身体可以对抗一部分致病菌和病毒，但面对非常强悍的入侵者时，我们就需要医生的帮助了。

医生就像一个侦探，在我们的身上寻找生病的线索。他会用听诊器听心脏和肺的声音，按压脖子和胸腹，检查喉咙和耳朵等。这些观察能帮助医生了解病情，以便对症下药。

有些疾病很容易扩散，医生会建议患者在痊愈前不要外出。

有一些疾病，例如水痘，是常见的儿童疾病，我们通常在小时候就感染了，但长大后鲜有再感染，这也意味着我们的身体在学习自我保护。流感、重感冒、支气管炎等疾病多在冬季出现。

接种疫苗可以有效预防一些疾病，例如麻疹、腮腺炎、百日咳等。

漂亮又干净！

好好洗手、认真刷牙、仔细洗澡，才能清除污垢和细菌，保持身体的健康。另外，干干净净、闻起来香香的感觉也很不错。

洗澡会杀死细菌吗？
会，细菌讨厌肥皂和沐浴露。洗澡还可以清除身上的汗渍和污垢。清洗干净后，皮肤才能更好地“呼吸”，我们也会感觉神清气爽。
龋齿很痛吗？
每天都要洗澡吗？
大量出汗后，还有在游泳池或海里游泳后，一定要好好洗个澡。如果你的皮肤特别干燥，要避免长时间泡澡，一个快速的淋浴就足够让你干干净净了。

我们的手要接触很多东西：门把手、卫生纸、鞋子，还有面包、餐具等。为了避免沾在手上的细菌进入身体，我们应该好好洗手，特别是在饭前和便后。

我们的头皮会滋生油脂，它能保护头发。但如果长期不洗头，头发就会变得又油又脏。

只是定期清洗衣物是远远不够的，还要记得每天更换贴身衣物，例如袜子、内裤和背心等。

细菌就像看不见的小怪兽，在牙齿上“打洞”“挖隧道”，然后就形成了龋齿。龋齿很痛，掌握正确的刷牙方法才能把细菌彻底赶跑。

该睡觉啦！

孩子们有时候会贪玩，不想早早睡觉。但是，儿童每晚需要10～11小时的睡眠，比成年人要多。

我害怕做噩梦……
你觉得她在做梦吗？
为什么累了会打哈欠？

当你哈欠连连、揉眼睛的时候，这是大脑在发出信号，告诉我们该上床睡觉了。

小婴儿睡觉的时间比醒着的时间要长，因为他的身体正在快速生长，充分的睡眠有助于发育。

小朋友会比成年人更容易感到疲惫，所以白天需要睡午觉，恢复体力。夜晚睡觉的时候，身体会制造新的细胞，也就是我们说的“长身体”。大脑也会趁机对白天发生的事情和学习到的内容进行分类和整理。

做梦是大脑休息的方式。当我们入睡后，大脑会把清醒时的所见、所听、所想当作素材，形成梦境，有时也会虚构出与现实无关的情节。有时我们会做噩梦，这可能是因为呼吸受到了压迫，或是心情低落导致的。还好，它们并不是真的！

如果你没有熬夜也没有生病，那么上课时应该不会犯困的。

男孩和女孩

女孩和男孩的性别不同，因此他们的身体特征也有区别。越长大，女孩和男孩身体上的差异越明显。

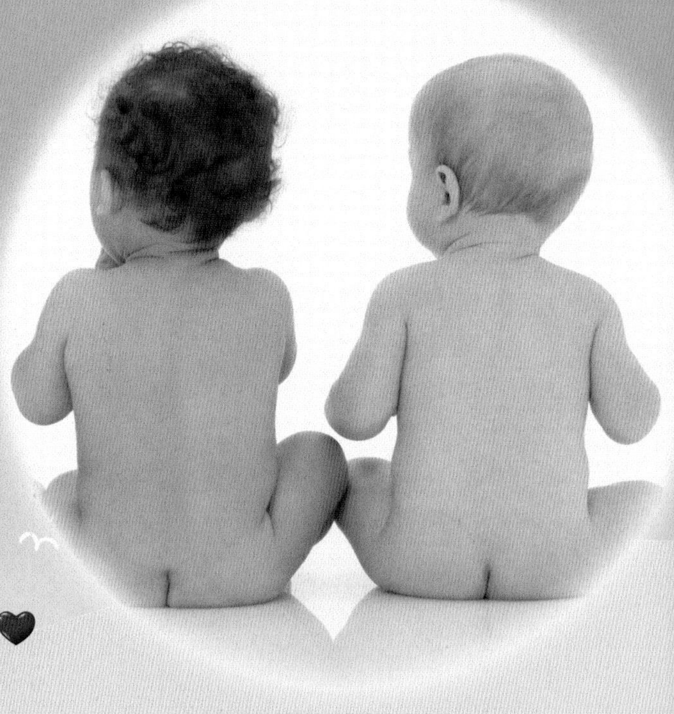

从十一二岁开始，身体会经历一些转变，慢慢地变为成年人的样子。

我们以后会像他们一样吗？

你觉得他们相爱吗？

身体究竟发生
了什么变化？

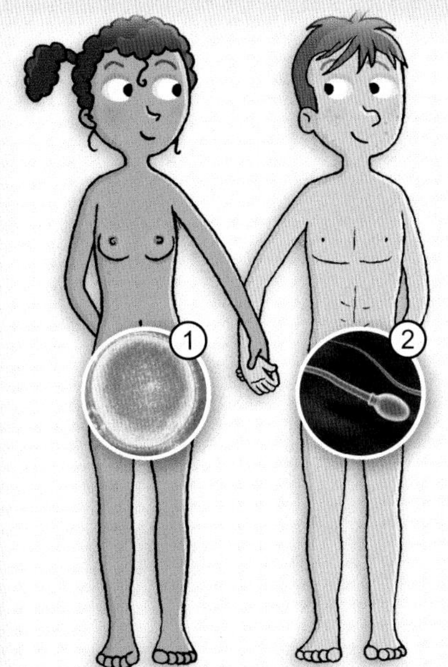
1
2

男孩的脸上、腋下和生殖器周围都会长出毛发，声音变得低沉，肩膀变得宽阔。男孩的生殖器官中开始产生孕育生命的小种子——精子（见②）。到了青春期，我们有时会对自己的样子感到不太满意。我们已经不再是孩子了，但也还不是成年人。经历这些变化并不是一件容易的事。

在青春期，女孩的乳房会发育，腋下和生殖器周围开始生出毛发，子宫内开始准备孕育生命的小种子——卵子（见①）。

人们是怎么生
孩子的呢？

为了创造新的生命，男人的精子需要与女人的卵子相结合。两个大人相爱时，他们会紧紧拥抱、相互亲吻。在一定的条件下，在这样温柔的时刻，男人释放出的精子便能与卵子结合，随后，一个小宝宝开始在妈妈的子宫里孕育……

出 生

孕育胎儿需要9个月的时间。在这段时间里，胎儿和妈妈共享着血液里的氧气和营养物质。胎儿一天天地长大，直到出生。

孕育中的妈妈会定期去医院产检，检查胎儿的一切是否正常。通过超声检查，我们可以看到妈妈肚子里的胎儿的样子。

胎儿发育到5个月左右就可以听到声音了，尤其是妈妈的声音。

他能听到我们说话吗？

你知道他是男孩还是女孩吗？

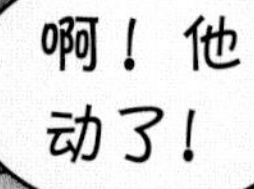

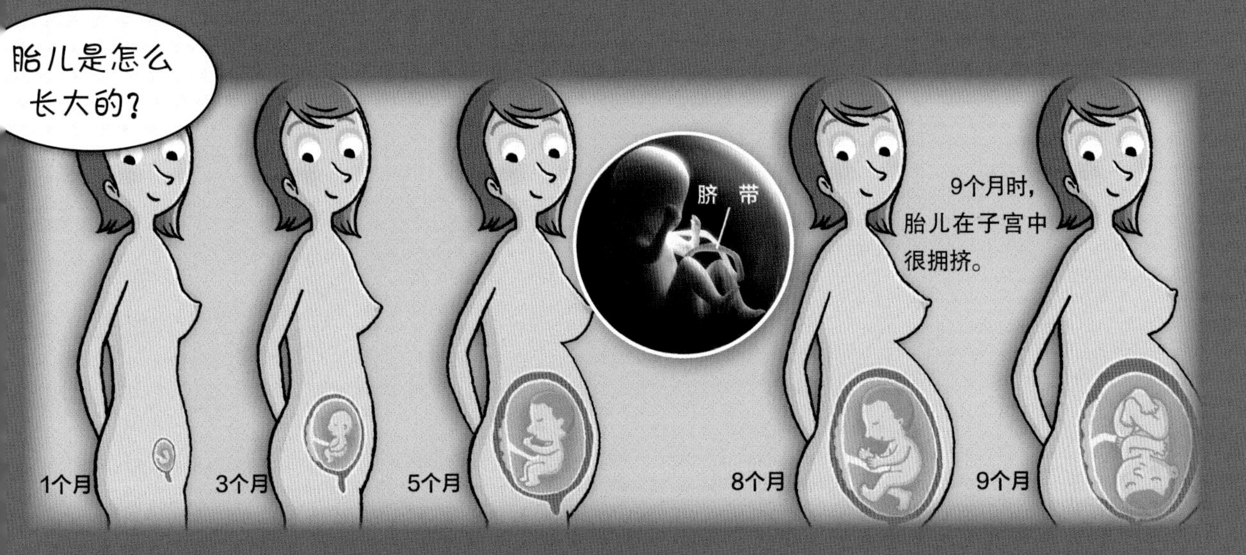
胎儿是怎么
长大的？
脐带
9个月时，
胎儿在子宫中
很拥挤。
1个月
3个月
5个月
8个月
9个月

胎儿和妈妈通过脐带连接在一起，在温暖的羊水中，胎儿通过脐带获得他需要的氧气与营养物质。在妈妈怀孕的第一个月，胎儿还不如一颗豆子大，但是他的心脏已经在跳动了。

3个月时，胎儿的主要器官已经形成了。5个月时，胎儿的头发长出来了，妈妈可以感觉到他在动。8个月时，他的头朝上，还会转身了，他已经随时准备好出生了。

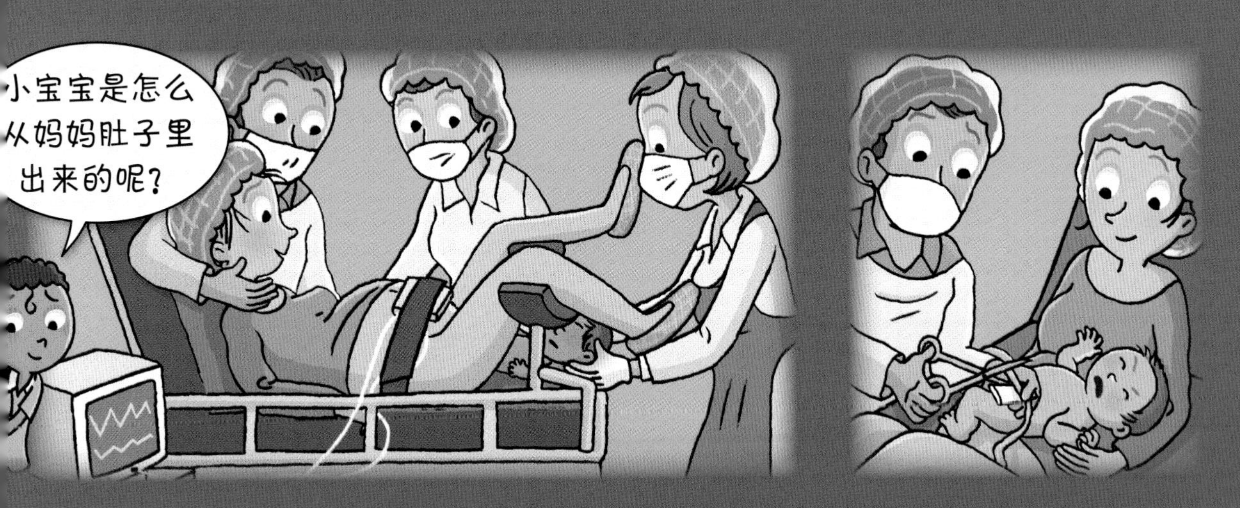
小宝宝是怎么
从妈妈肚子里
出来的呢？

临近分娩时，妈妈会感到一阵阵疼痛，这是子宫收缩引起的。宫缩标志着孩子很快就会出生了。这时，妈妈必须迅速去产房，在助产士的帮助下分娩。

如果爸爸在场，医生会建议由爸爸来剪断宝宝与妈妈连接的脐带。脐带脱落后，宝宝的肚子上会留下一个印记，也就是肚脐。

一场漫长的旅途

随着时间的推移，小婴儿会长成儿童，变成青少年，再变为成年人。在从年幼到年老的整个生命过程中，人的身体一直在发生变化。

刚出生时，小婴儿还没有足够的力量站起来。大约7个月时，他会坐了。1岁左右，他能站起来，开始学习走路。慢慢地，他对动作的掌控能力越来越强。

在生命的最初几年，大脑不断发育。我们逐渐学会走路、说话、骑车、数数、阅读、写字……

8 个月

1岁

6~7岁

15~20岁

到多少岁就算长大了？

为什么头发会变白？

6个月左右，乳牙就开始生长了，我们一共会长出20颗乳牙。大约6岁时，乳牙开始脱落，为恒牙让路。恒牙一共有28～32颗。

到了20岁左右，身体的发育就停止了，这标志着青春期的结束。这时，我们的身体就是成年人的身体了。

随着时间的推移，我们会慢慢衰老，皮肤出现皱纹，视力下降，肌肉不再有力，身姿也不再挺拔。由于身体不再产生黑色素，头发也会变得花白。不过，现在很多爷爷奶奶都十分关注身体的状况，积极锻炼身体，因此人们的平均寿命也越来越长。

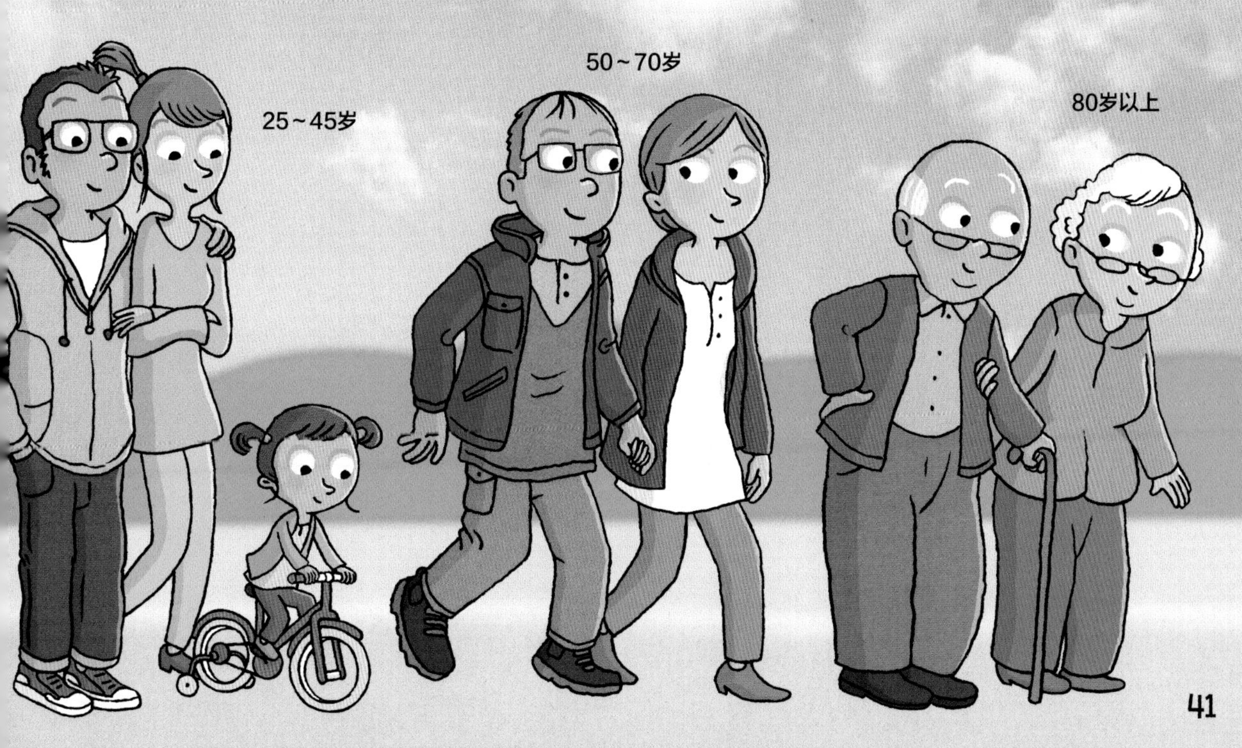

图片来源

封面： Dessins Anne de Chambourcy, François Daniel.
P. 2 : Ronde d'enfants © L. Doss/Corbis. P. 3 : Enfant devant le miroir © M. Bobrova/Fotolia. Empreinte digitale © Fotolia. Enfant au téléphone © Drubig-photo/Fotolia. P. 4 : Radiographie de la main © Fotolia. P. 5 : Produits laitiers © MStudio/Fotolia. Coupe de l'os © J. Dayan. Gymnaste © M. Gray/ Fotolia. Radiographie © P. Dazeley/GettyImages. P. 6 : Athlète ©
V. Wrangel/Fotolia. P. 7 : Échauffement © Fotosearch.
P. 8 : Auscultation © A. Greiner Adam/Fotolia.
P. 9 : Baleine © A. Bannykh/Fotolia. Pouls © Ursa studio/Fotolia. Opération cardiaque © Kadmy/Fotolia.
P. 10 : Enfant qui respire © Coldwaterman/Fotolia.
P. 11 : Cigarette © Fotolia. Pollution © S. Serdyuk/ Fotolia. Enfant enrhumé © Fotofreundin/Fotolia.
P. 12 : Enfant à table © S. Kobyakov/Fotolia.
P. 13 : Coup de fatigue © Sunabesyou/Fotolia. Enfant qui boit © Maxoidos/Fotolia. P. 15 : Mal au ventre © C-J/Fotolia. Enfant sur balance © J. Duplass/Fotolia.
P. 16 : Enfant réfléchissant © coloures-pic/Fotolia.
P. 17 : Jeune femme en fauteuil © D. Race/Fotolia. Prise électrique © Lefflexus/Fotolia. P. 18 : Enfant qui dort © aletia2011/Fotolia. P. 19 : Dessin du cerveau © J. Dayan. Toutes les photos de cette page proviennent
de chez Fotosearch, sauf : odorat © Y. Poznukhov Fotoliaet cactus © Monregard/Fotolia. Page 20 : Enfant yeux fermés © Gladskih/Fotolia. P. 21 : Oeil © Grafikplusfoto/Fotolia. Paupières fermées © Fotosearch. Lunettes © Fotolia. Opticien © A. Skelley/ Corbis. P. 22 : Oreille © P. Marcinski/Fotolia. Enfant avec casque © DR. Odorat © Y. Poznukhov/Fotolia.
P. 23 : Enfant et sucette © Delphimages/Fotolia. Dessin de la langue © J. Dayan. Autres photos de cette page © Fotolia. P. 24 : Mains unies © Prod Numerik/Fotolia.
P. 25 : Enfant sur la plage © D. Bonardelle/Fotolia. Coupe de peau © J. Dayan. Transpiration © K. Sillaste/GettyImages. P. 26 : Jeune fille aux cheveux longs © DR.
P. 27 : Cheveux longs © Ilike/Fotolia. Pesonne chauve © Beyond/Corbis. Recherche de poux © JPC.Prod/ Fotolia Pou © Fotosearch. Ongles © Imagine China/ AFP. P. 28 : Enfant et pansement © Gorilla/Fotolia. Thermomètre
© Fotolia. P. 29 : Bleu © Fotosearch. Brûlure au doigt © G. G.Lattek/Fotolia. P. 30 : Auscultation © Ilike/ Fotolia. P. 31 : Pharmacienne © Contrastwerkstatt/ Fotolia. Vaccin © O. Kuzmina/Fotolia. P. 32 : Enfant sortant du bain © DR. P. 33 : Mains et savon © Fotosearch. Nettoyage des ongles © Fotosearch. Enfant sous la douche © Fotosearch. Enfant se brossant les dents © V. Kuttelvaservova/Fotolia. P. 34-35 : Photos © Fotosearch. P. 36 : Bébés © N. Brown/GettyImages.
P. 37 : Photos d'ovules et spermatozoïdes © Fotosearch. P. 38 : Échographie © DR. Ventre de future maman
© A. Tiplyashin/Fotolia. P. 39 : Foetus © Jonathan/ Fotolia. P. 40 : Femmes autour d'un bébé © Hsimages/Westend61/Corbis. P. 41 : Enfant de 6 ans © DR.

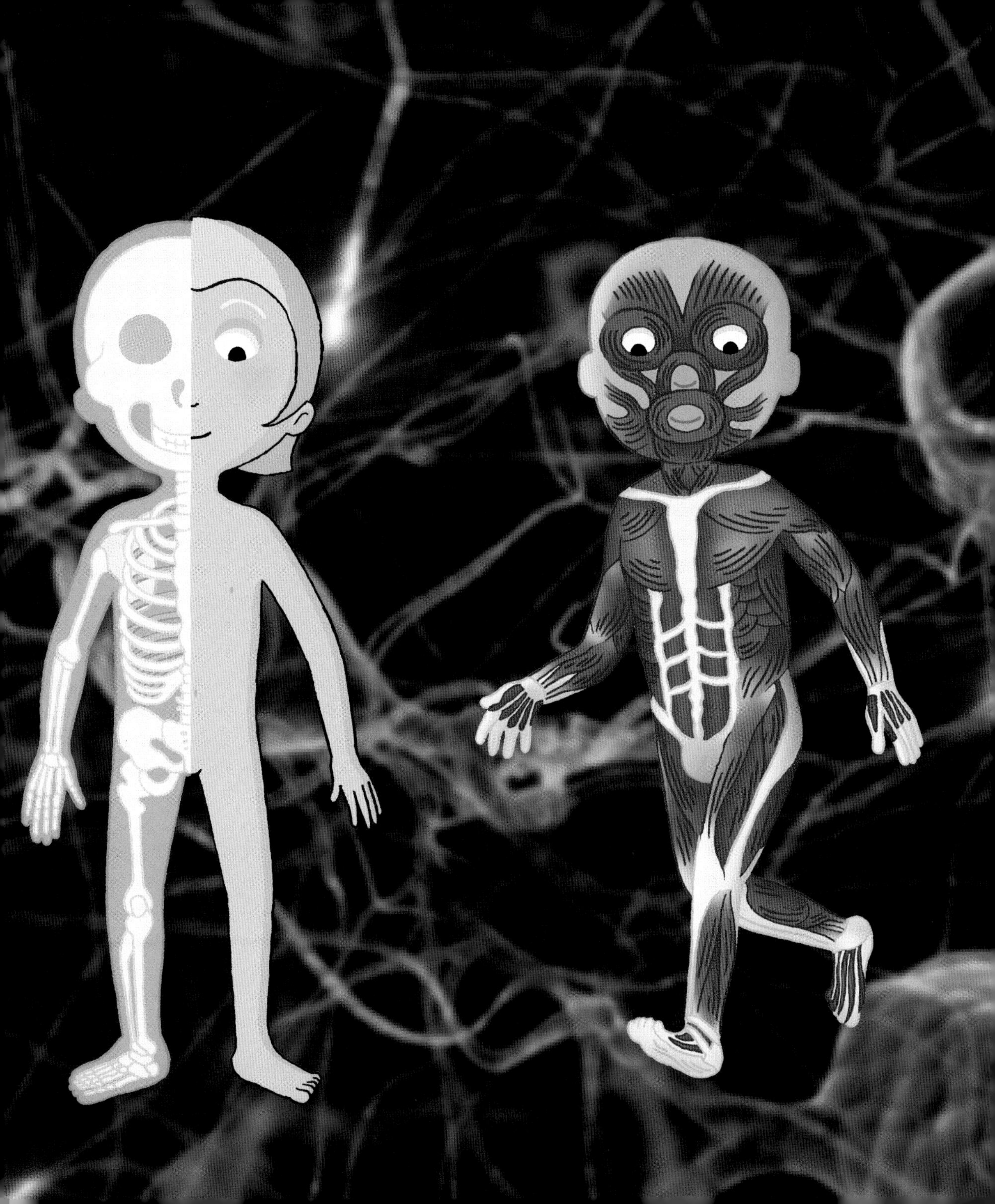

图书在版编目（CIP）数据

人体的奥秘 /（法）埃马纽埃尔·勒珀蒂著；（法）弗朗索瓦·丹尼尔，（法）安妮·德尚布尔西绘；王丁丁译. — 广州：岭南美术出版社，2023.2
（探秘万物儿童百科·走近科学）
ISBN 978-7-5362-7559-1

Ⅰ.①人… Ⅱ.①埃… ②弗… ③安… ④王… Ⅲ.①人体－儿童读物 Ⅳ.①R32-49

中国版本图书馆CIP数据核字(2022)第162933号

著作权合同登记号：图字19-2022-111

出 版 人：刘子如
责任编辑：李国正　周章胜
助理编辑：沈　超
责任技编：许伟群
选题策划：王　铭
装帧设计：叶乾乾
美术编辑：胡方方

探秘万物儿童百科 · 走近科学
TANMI WANWU ERTONG BAIKE · ZOUJIN KEXUE
人体的奥秘
RENTI DE AOMI

出版、总发行：岭南美术出版社　（网址：www.lnysw.net）
（广州市天河区海安路19号14楼　邮编：510627）
经　　销：全国新华书店
印　　刷：深圳市福圣印刷有限公司
版　　次：2023年2月第1版
印　　次：2023年2月第1次印刷
开　　本：889 mm×1194 mm　1/24
印　　张：22
字　　数：330千字
印　　数：1—5000册
ISBN 978-7-5362-7559-1

定　　价：218.00元（全12册）

策划 / 海豚传媒股份有限公司
网址 / www.dolphinmedia.cn　　邮箱 / dolphinmedia@vip.163.com
阅读咨询热线 / 027-87391723　　销售热线 / 027-87396822
海豚传媒常年法律顾问 / 上海市锦天城（武汉）律师事务所
张超　林思贵　18607186981

探秘万物儿童百科
走近科学

动物王国

[法] 埃马纽埃尔·勒珀蒂 / 著　[意] 曼努埃拉·内罗利尼 / 绘
王丁丁 / 译

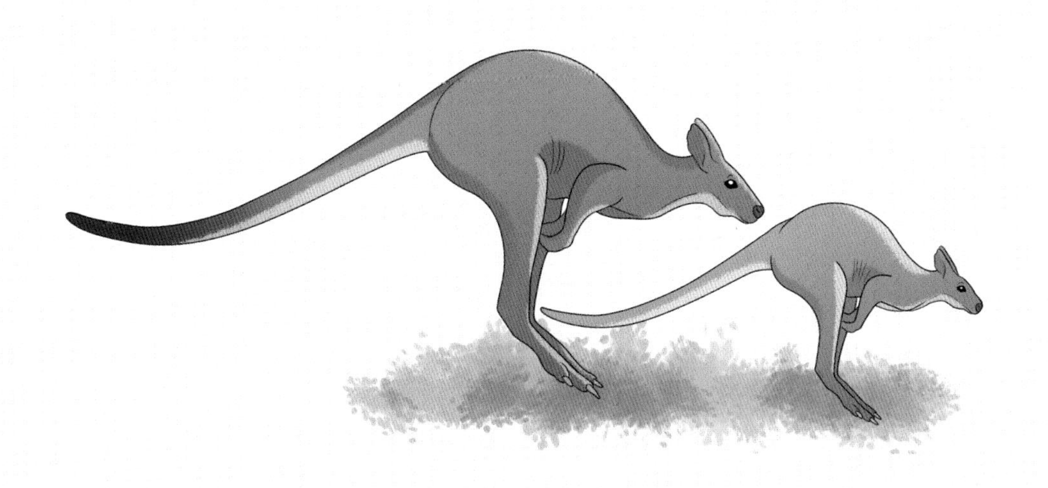

SPM 南方传媒 | 岭南美術出版社
中国·广州

北极和南极

极地位于地球的两极，是地球上最冷的地方，在最北端的是北极，在最南端的是南极。尽管那里有暴风雪、冻土、凛冽的寒风和长达六个月的极夜，但一些动物还是成功地在那里生存了下来。

北 极
南 极

呃……尽管穿着厚厚的羽绒服，我还是好冷！
北极熊先生，请告诉我，您为什么把鼻子藏起来？

北极位于北冰洋，它表面终年被浮冰覆盖，就像一个大大的溜冰场！夏天的时候，有些地方的浮冰会裂开。

北极熊

由于皮毛与浮冰颜色相近，北极熊常常把自己伪装起来“守株待兔”。它会一动不动地守在冰洞附近，一旦海豹浮出水面呼吸，就立马捕食。但是北极熊的黑色鼻子会出卖它，因此它会用爪子捂住鼻子，不让海豹发现自己。

海 豹

北极熊全身甚至爪子下面都长着厚厚的皮毛，皮毛下面的黑色皮肤能够帮助它们从阳光中吸收更多的热量，这是保暖的好方法。

海豹和北极熊的皮毛都是防水的，水从皮毛上滑过时不会渗透到皮肤里。北极熊的皮毛下有一层厚厚的脂肪，能帮助它们保暖。

在北极，与浮冰相连的是苔原地带。苔原是一种被苔藓、地衣和耐寒小灌木覆盖的植被带。冬天，苔原银装素裹，一切都是白色的；夏天，冰雪融化，这里就都变绿了。

很多动物的皮毛在冬天是白色或灰色的，夏天又变成棕色或褐色，例如北极狐和北极兔。

雄性和雌性驯鹿都有长长的鹿角，它们用鹿角刮开雪，寻找食物。驼鹿比驯鹿更高大，但只有雄性驼鹿有鹿角，它们以树叶和嫩枝为食。

冬天，麝牛用蹄子刨雪，刮去覆盖在植物上的霜冻，挖出干草和苔藓为食。

海豹为了呼吸，会用牙齿和嘴巴在浮冰上啃出一个洞。

海豹宝宝出生在冰面上，海豹妈妈给它喂奶，帮它暖和起来，让它快快长大。海豹妈妈捕食的时候，会将海豹宝宝独自留在冰面上。因为有一身雪白的皮毛，雪豹宝宝不容易引起捕猎者的注意。

我们可以通过牙齿来识别海象。海象用长长的牙齿刮开海底的泥沙，寻找贝类，也用牙齿帮助自己爬上冰面。

独角鲸是唯一拥有长角的鲸类动物，它们的角其实是螺旋形的门齿。

企鹅宝宝

企鹅大多生活在南极，它们的身体胖嘟嘟的，羽毛很紧实，而且羽毛间留有空气间隙，可以将冷空气和水都隔绝在皮肤之外。遇到暴风雨时，一群企鹅会紧紧地挨在一起，待在中间的企鹅，可能还会觉得热。

企鹅爸爸正在孵蛋：它把企鹅蛋夹在自己的肚皮和脚掌之间，耐心地孵化小企鹅。

沙 漠

沙漠中的动物适应了极端高温，它们的浅色皮毛会反射绝大部分阳光。大多数动物直到夜幕降临才出去寻找食物，那时气温下降，天气凉爽。

这只羚羊要去哪儿？

白天时，即使是沙漠中阴凉的地方也有约 50℃的高温，沙子像在炉火上烤着了一样。夜晚，空气变得凉爽，但沙地依旧炎热。

这条蛇危险吗？

细角瞪羚

角蝰（kuí）（一种生活在干燥沙漠地带的毒蛇）正藏在沙子下等待猎物。它一旦咬住猎物，就会立即射出毒液。

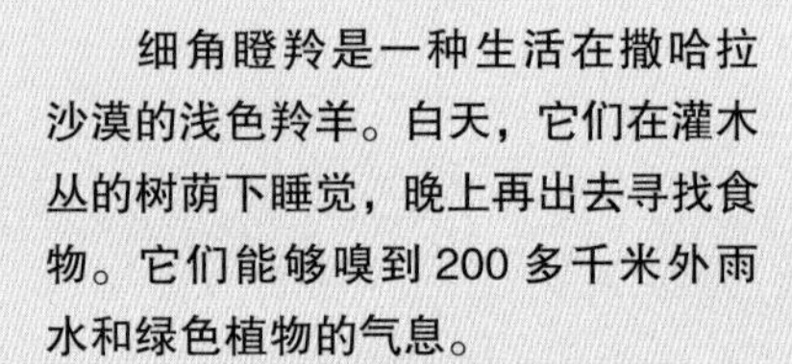

细角瞪羚是一种生活在撒哈拉沙漠的浅色羚羊。白天，它们在灌木丛的树荫下睡觉，晚上再出去寻找食物。它们能够嗅到 200 多千米外雨水和绿色植物的气息。

因为有甲壳保护，蝎子不怕炎热。它们用毒液麻痹昆虫，然后美餐一顿。

角 蝰

蝎 子

骆驼的呼吸非常缓慢。它们呼气时丧失的水分比一般动物要少大约 45%。它们可以很多天不喝水，驼峰里储备有脂肪，可以在必要时分解成急需的营养和水分。

起风时，骆驼会紧紧地闭上鼻孔，避免吸入沙子。同时，它的双层睫毛还可以保护眼睛。

耳廓狐

耳廓狐生活在撒哈拉沙漠，是地球上较小的犬科动物之一。它的大耳朵能使它觉察到沙面上移动的其他小型动物。耳廓狐的爪子下长满了毛，保护它免受沙子的灼伤，而猎物的血液则为它提供了必要的水分。

跳鼠

为了减少接触灼热的地面，跳鼠通过跳跃来移动，它一步能跳 1.5 米左右。

草 原

草原一般位于沙漠边缘，是一片广袤的平原。大片的草甸被太阳晒得金黄，那里树木稀少，动物在那里几乎没有藏身之地。不过，草原上的动物非常多，因为到了雨季，一切都会变绿。

草原上，羚羊是猎豹最喜欢的猎物。猎豹潜伏在草丛中慢慢向羚羊靠近，然后突然跃起，以每小时 110 千米的速度向羚羊冲去。猎豹是世界上跑得最快的陆生动物！但它的追逐时间不会持续太久，因为猎豹并没有羚羊那么好的耐力，很快就会累得气喘吁吁。

这些条纹能掩护斑马穿过高高的草丛，躲避敌人。

长颈鹿的长脖子可以使它在观察周围环境的同时，吃到高处鲜嫩的树叶。它全身的斑块和洋槐树干极为相似，是一种保护色。长颈鹿从不连续睡觉超过 3 分钟，一般是站着睡觉。

羚羊、长颈鹿、斑马、犀牛、河马、牛羚和大象都是食草动物，它们都以树叶、草或灌木为食。

每当捕食者杀死一头猎物，鬣狗和秃鹫就会凑过来试图分食！

金钱豹，也叫花豹，擅长爬树，每天睡觉之余就是在树上观察周围的环境，寻找猎物。花豹的猎物主要有羚羊、斑马、猴子等。

大象集群而居，它们每天需要喝大量的水，因此它们总是在四处寻找水源。大象厚厚的皮肤可以保护它们不被阳光灼伤，它们也会通过扇动耳朵来降温。

大象用长鼻子摘水果和树叶，吃草，喝水，把水或泥浆洒在身上保持凉爽。

河马的皮肤光滑无毛。在阳光照射下，它的皮肤会因干燥而皲（jūn）裂。因此，只有在晚上它才会从水里出来，去几千米外觅食。

犀牛喜爱独居或结成小群体生活。它们讨厌被人打扰，一旦受到刺激，就会对目标进行攻击。牛椋（liáng）鸟常常停在犀牛背上，以它们皮肤上的寄生虫为食。

狮子是一种结群而居的猛兽。雄狮每天睡 20 小时左右，但只要有外来入侵者靠近，它就会发出巨大的咆哮声。雌狮经常成群狩猎。无论是羚羊、斑马，还是小象，哪怕是比自己大的猎物，它们都会毫不犹豫地展开攻击。但在享受猎物时，雄狮则会优先。

鳄鱼常常待在水下一动不动，等待其他动物“自投罗网”。一旦有猎物靠近，鳄鱼就会发动奇袭，用锋利的牙齿咬住它并拖到水下。

鸵鸟是世界上体形最大但不会飞行的鸟类。遇到危险时，它最快能以每小时 90 千米的速度逃跑。在繁殖季节，鸵鸟会将蛋产在沙地的浅坑中，并全力保护这些蛋。

丛林

丛林是指生长着巨型树木、覆盖着藤蔓鲜花的热带森林，那里十分炎热，但雨水丰沛。热带森林里有猴子、蛇、豹、蝴蝶、蛙……到处充满着生命的气息！

美洲豹是丛林中可怕的捕食者。白天，它在树干上打盹儿，一到夜晚，它就悄无声息地徘徊在矮树丛中捕猎。一旦猎物出现，它会从树干上一跃而起，用尖牙快速咬断猎物的脖子。

哇！一个全新的世界！
看，一头长着长鼻子的猪！

蓝闪蝶

狼蛛

貘（mò）长着肉肉的长鼻子，它是食草动物，以种子、果实和苔藓为食。

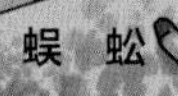

变色龙用长长的舌头捕捉昆虫，它的舌头不仅像弹簧一样收缩自如，而且末端很黏。变色龙会随着环境的变化改变身体的颜色。

这些箭毒蛙靠爪子上的吸盘在大树上生活。它们有各种颜色，皮肤会分泌出一种毒性很强的黏液。千万不要碰！

蟒蛇是一种很长但没有毒的蛇。为了捕食，它会将猎物缠住直至其窒息。

水蟒是世界上体形最大的蛇类。它们体长可达 10 米，重达 250 千克，张开巨嘴，可以将貘、凯门鳄甚至更大的猎物整个吞下。

树懒移动得非常缓慢。它们常年生活在大树上，只有排便的时候才会下树。

犰狳（qiú yú）用盔甲似的骨质甲保护自己，当它遇到危险时，就会把自己团成一个圆球，躲避攻击。

老虎是现存最强大的猫科动物，它皮毛上的条纹使它在森林中不易被发现。

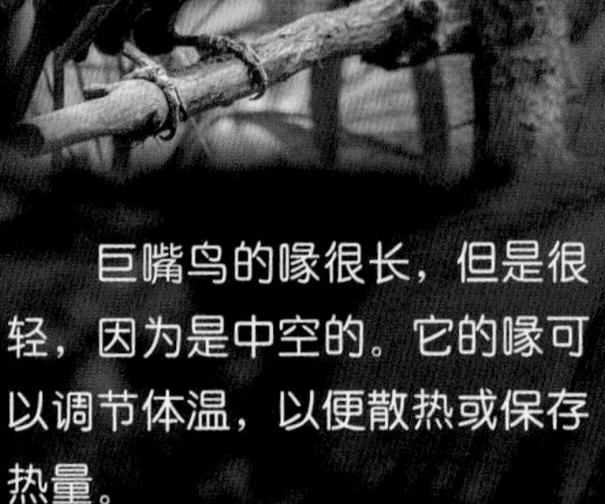

巨嘴鸟的喙很长，但是很轻，因为是中空的。它的喙可以调节体温，以便散热或保存热量。

蜂鸟的喙又细又长，能方便它们在花朵中吮吸花蜜。

金刚鹦鹉的钩形喙能碾碎坚果的壳。

黑猩猩和大猩猩生活在非洲的热带雨林中。硕大的体形导致它们行动不太敏捷，它们一般白天在树下活动，晚上才会上树休息。红毛猩猩体形巨大，常年生活在树上，擅长攀爬。

在茂密的丛林中，猴子们不容易看到彼此。每天早上，它们都会通过嚎叫的方式，来宣示自己的领地。

狨猴是丛林中最小的猴子。当遇到威胁时，它会竖起头上的毛发来震慑敌人。

这些聪明的猴子手上和脚上都有五个指头，方便它们抓住物体。

蜘蛛猴的尾巴像手一样灵活。因此，它可以在高空跳跃的过程中抓住藤蔓。

森　林

森林的景象随着季节的变化而变化。春天，一片绿色，森林里处处萦绕着鸟儿的歌声；秋天，树叶掉落，雄鹿为吸引雌鹿，发出动情的呼唤；冬天，动物们纷纷忙着为冬眠囤积食物。

雄鹿头上的鹿角每年都会脱落，到了春夏时又会重新长回来。

白天，野猪蜷缩在灌木丛下的窝里，等到了晚上才出来活动。野猪用鼻子拱地，用长长的牙齿挖橡果和树根吃。

野猪宝宝一般在春天出生，野猪妈妈会将它们照顾得很好。

狐狸非常聪明，常常通过装死来逃过一劫。狐狸主要捕食田鼠、鸟类、兔子和昆虫，有时也采食一些植物。狐狸爸爸会将战利品带回洞穴，与狐狸妈妈和狐狸宝宝分享。

秋天，松鼠把橡果和榛子储存在地下，将菌菇贮藏在树上，准备过冬。

啄木鸟每天敲击树干 500 余次，将它赖以为食的幼虫啄出来。

杜鹃鸟妈妈会把蛋产在另一种鸟的鸟巢里，例如知更鸟的巢里，由知更鸟妈妈孵化。杜鹃鸟宝宝出生后，就会把巢里其他鸟蛋或小鸟推出去，从新妈妈那里抢夺食物。

夜莺通常在较低的树枝上筑巢，人们一般在晚上能听到它们悠扬的歌声。

长耳猫头鹰头顶两侧类似耳朵的羽毛较长。猫头鹰大多在夜间捕食，它们的视力和听力都非常敏锐，可以在夜间发现猎物。

狼群十分团结，整个狼群由最强大的雄狼和雌狼领导。它们常常通过嚎叫来宣示领地，它们的领地非常大，领地越大意味着能获得的食物越丰富。

狼群以猎食羊、兔子、鹿等动物为生。它们会连续追逐猎物好几个小时，距离长达 50 多千米，直到筋疲力尽。

獾一般生活在灌木丛中，以虫子、水果和种子为食。獾喜欢穴居，通常一个巢穴有无数入口和出口。面对入侵者时，它们会咆哮着竖起毛发，不过这只是吓唬对方的小伎俩。

黄鼠狼通常在夜间捕食小动物。它们体形中等，身体细长，能够很灵活地穿行于洞穴之中，哪怕只有硬币大小的洞穴入口，它们也能穿梭自如。

草　地

位于森林边缘的草地是小型哺乳动物的天堂。冬天，大多数动物都蜷缩在自己的窝里。到了春天，它们就走到洞穴外去觅食，寻找种子、水果和嫩芽。

野兔一边观察周围的环境，一边觅食。它们爱吃蒲公英和三叶草，也吃植物的种子和嫩芽。野兔害怕狐狸和猎人，如果不巧遇到了，它们会迅速逃跑，还会随时改变逃跑的方向，以免被捉到。

野兔居住在洞穴里，它们昼伏夜出，尽量避开一切危险。当野兔外出觅食时，所有谷物、蔬菜、草种子……只要到它嘴边的东西，都会被吞下去。

刺猬吃什么？

兔子洞就像一个迷宫，通过地道相连通，其中有许多不同的出入口，好像一个四通八达的地下城市。

这只野兔的窝十分简陋，是它在草丛中挖的一个地洞。为了不被发现，它用草把洞口遮盖起来。

刺猬白天藏在灌木丛中睡觉，晚上天气凉爽时，会出来活动。它会用尖尖的鼻子嗅着地面，寻找昆虫和蛞蝓（kuò yú），甚至老鼠和蛇的踪迹。它身上的刺能保护它免受伤害，当遇到危险时，它会立即蜷缩成一个球。

黄鼠狼是肉食性动物，它主要以田鼠为食，也吃农场里的鸡和兔子。它们经常在树根处、草垛下或岩石下挖洞筑巢。

田鼠的洞穴里布满地道。它们以谷物和种子为食。田鼠擅长挖掘地下通道。当数量骤增时，它们会破坏草地。

山 区

对于动物来说，生活在高海拔地区并不容易！它们必须习惯在陡峭的山坡上行走，学会抵御寒冷和风雪。为了度过漫长的冬季，每种动物都有自己的方式：有的在洞穴里冬眠，有的则下山，到山谷中度过整个冬天。

我猜貂毛是白色的。

其实大部分貂都是深棕色的！

土拨鼠只在洞穴附近活动，一旦发现有危险，它们就会吹响口哨，告诉同伴：敌人来了，赶紧撤退！

貂

土拨鼠

臆羚可以腾空从一块岩石跳到另一块岩石上，并爬上岩壁的顶端。它的蹄子上有两个灵活的脚趾，可以像钩子一样紧紧地插进石缝里。

雄性羱羊长着大大的、向后弯曲的羊角。为了争夺配偶，雄性羱羊会用羊角互相打斗。羊角在羱羊的一生中会不断生长。

棕熊生活在山区，它的棕色皮毛可以帮助它们抵御寒冷，还能帮助它们在岩石之间伪装。棕熊非常贪吃，几乎能吃掉它们找到的一切食物，例如鱼、蜂蜜、覆盆子，甚至是蝴蝶。冬天，它们会躲进洞穴里冬眠。

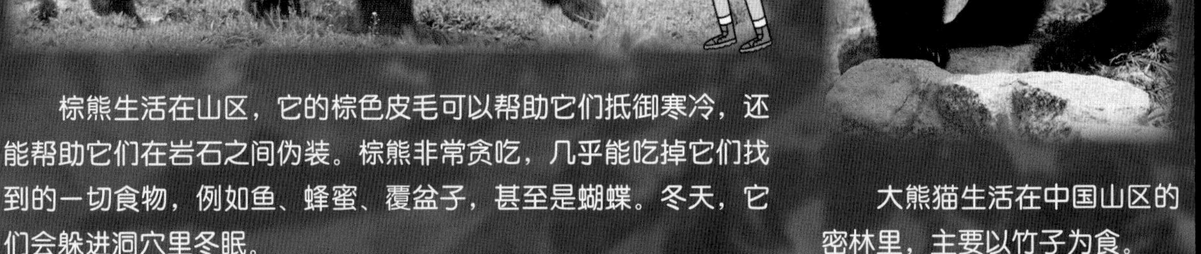

大熊猫生活在中国山区的密林里，主要以竹子为食。

为什么说“像土拨鼠一样睡觉”？

“有一双猞猁的眼睛”是什么意思？

秋天，土拨鼠会进食大量的牧草、昆虫和树根，把自己喂得饱饱的。然后，它们用干草填满洞穴，冬天到来时，土拨鼠一家会紧紧地依偎在一起，一直睡到第二年的春天。

猞猁的视觉和听觉非常灵敏。傍晚或黎明时分，猞猁在山上漫步，寻找野兔和鸟儿的踪迹，有时也会捕食羊羔或狍子。一旦发现猎物，猞猁会悄悄地靠近，然后一跃而起！

金雕在高空中翱翔，如果侦测到猎物，比如土拨鼠、小羚羊等，它会以每小时 200 千米的速度俯冲下来，用锋利的爪子牢牢地抓住猎物，再将它带回巢穴中享用。

安第斯秃鹫是地球上较大的鸟类之一，翼展可达 3.2 米。它们在人迹罕至的岩石上筑巢，主要以动物的尸体为食。

雷鸟长期在冰雪中生活，它们不擅长远飞，一般在灌木丛中筑巢。

黄嘴山鸦是特技飞行的一把好手，它在岩壁上筑巢，以昆虫和种子为食。

松鸡生活在松树林或冷杉林中，以嫩枝、嫩芽和昆虫为食，一般只在低矮的树枝间飞行。

河　流

河流里生机盎然。沿着河岸漫步，你会发现小鱼、贝壳、贪吃的小鸟和一些技艺高超的小型哺乳动物。

每年秋天，鳟鱼都会逆流而上，到山间的溪流中产卵，然后再顺流而下。几年后，它们的后代也会重复这一过程。

翠鸟在水面上盘旋。它羽毛的金属光泽使它在拍打翅膀时不易被发现。一旦有小鱼出现，它就会立即一头扎入水中。

这只长着长腿的鸟儿叫什么？
水獭生活在哪儿？

苍鹭的腿又细又长，可以在池塘或河流的浅水中行走。如果有小鱼或青蛙靠近，它便会出其不意地伸长脖子，用尖尖的喙捉住它们。

水　獭

这是生活在美洲的浣熊，因其在进食前喜欢在河水中清洗食物而得名。它们最喜欢的食物是鱼类、螃蟹和螯虾。

水獭生活在岸边的洞穴里。它们利用长长的胡须，感知水下猎物的一举一动，待时机成熟时一跃而起，将猎物抓获。

河狸用树枝在河边筑坝，修建一个远离流水的小池塘。它们把巢穴修建在河岸上，入口建在水下，这样既可以躲避捕食者，又可以使岸上的巢穴保持干燥。

被河狸啃食的树干

在平静的河水中

鲇鱼的大嘴里有敏感的倒刺和锋利的牙齿。

平静的河流中，河底淤泥堆积，布满了腐烂的植物和死掉的小昆虫。生活在河底的鱼类用嘴在淤泥中觅食。而有些鱼，例如生性凶猛的梭鱼也会捕食小鱼小虾。

成年鲇鱼体长1.5～2米，会攻击梭鱼、梭鲈，甚至是鸭子和天鹅。

在湍急的水流中

鲟鱼因其肉质细腻鲜美而备受追捧，尤其是它的卵，可以制作成鱼子酱。

鳟鱼头部和身体上都有斑点，它们生活在清澈湍急的水流中。在阳光照射下，水面会反射太阳的光线，而这些斑点正好让人们误以为是阳光的反射，从而能让鳟鱼很好地隐藏在河水中。

鲟鱼不仅生活在海洋中，同样也生活在河流里。它们身上没有鳞片，是较原始的鱼类之一。

一些产卵前的鲑鱼

鲑鱼生活在海洋里，长到 4 岁时，它们能循着气味洄游到出生时的河流里，没有什么能够阻挡它们。

鲑鱼甚至会沿着瀑布逆流而上，洄游的过程中不吃任何东西。到达河流后，雌鲑鱼开始产卵，雄鲑鱼给卵授精，随后双双精疲力竭，漂流而亡。

鳗鱼只有晚上才出来捕食昆虫或小鱼。它们的身体又细又长，可以溜到各个地方。它们甚至可以爬出水面，绕过大坝和障碍物。

螯虾身体柔软，外壳坚硬。在虾钳的帮助下，它以海藻、枯叶和鱼类的残骸为食。

海　洋

海岸、海滩和海边的崖壁为海洋动物提供了丰富的食物和活动场所。而在遥远的外海，由于没有遮蔽之处，动物们通常结伴出行，成群活动。

海鸥

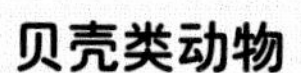

甲壳类动物和海星

螃蟹和螯虾用钳子和触角收集海底的食物。海星用腕来撬开贝类，它通过从腕中伸出的管足来移动、吸水和抓取食物。

贝壳类动物

贝类属于软体动物，它们长出坚硬的外壳来保护柔软的身体，一般通过滤水取食。一些贝类，如贻贝、帽贝、牡蛎，生活在岩石上；另一些，如蛤蜊、竹蛏、帘蛤，生活在沙子里。扇贝是个例外，它们生活在海底。滨螺生活在红树林附近，主要以藻类为食。

鸟　类

海浪上方飞翔着海鸥，还有它们的表亲红嘴鸥，以及长满黑色羽毛的鸬鹚。这些贪吃的鸟儿会吃掉能找到的一切食物。退潮后，蛎鹬则会在海滩上寻找蠕虫和贝类。

美丽的海鹦在悬崖峭壁上筑巢，到了交配的季节，海鹦的喙会呈现出艳丽的颜色，因此也有“海上小丑”的称号。

鸬鹚

螯虾
海鹦
如果你在海边搬起一块石头，请把它再放回原处哟！
龙虾
扇贝
牡蛎
蛎鹬（lì yù）捕食蠕虫。

当章鱼感到危险时，它会改变身体的颜色和形状，例如伪装成一块石头，向敌人喷射墨汁，然后赶紧逃之夭夭。

乌贼是章鱼的表亲。它也可以根据环境和心情变换颜色，例如生气时就会变成红色。

海龟只在水面上呼吸，但它们可以在水下屏息潜水好几个小时！它们已经完全适应了海洋生活，四肢演化成了便于游动的鳍。海龟什么都吃，不过它们最喜欢吃的还是水母。

水母身体软软的，像灯罩一样。它们长着有毒的触手，能用来麻痹猎物。

鱼群是什么样的？
海水进入鱼嘴，流经鱼鳃，再通过鳃盖骨排出来。

像沙丁鱼这样的小鱼，成群结队地游动可以更好地保护自己。面对危险，鱼群围绕着最中间的小群体紧紧地形成一个球状。

鱼类在水下呼吸，它的鳃位于头部两侧，隐藏在鳃盖骨下。鱼类利用流经鳃部的水来获得其中的氧气。

大白鲨
蝠鲼以浮游生物和小型鱼类为食。
鲸鲨是不伤人的，它以藻类和甲壳类动物为食。
双髻鲨

鲨鱼是鱼类的一种，它们在水下呼吸。鲨鱼嗅觉灵敏，可以闻到数千米外人或海洋动物血液的味道。尽管鲨鱼的眼睛很小，但它们看得非常清楚，包括海面上的一切。

蝠鲼（fèn）是鲨鱼的表亲，它们有着巨大的翼状鳍，游泳时就像在飞一样！

蓝鲸有 4 辆公共汽车那么长，
有 30 头大象那么重！
鲸是鱼类吗？

鲸不是鱼类，而是海洋哺乳动物，它们在水面上呼吸。最大的鲸类是蓝鲸，以磷虾和小型鱼类为食。黑白相间的虎鲸长着锋利的牙齿，它们主要以极地的海豹为食。

抹香鲸长达 20 米，只在下颌长有牙齿，捕食巨型乌贼和大型鱼类。

海豚不喜欢独处，是群居性动物。它们游得很快，时常跳出水面，还会通过发出类似口哨一样的声音相互交流。和鲸一样，海豚也在水面上呼吸。海豚的呼吸孔位于头顶，当它呼气的时候会出现喷射水柱的现象。

珊瑚是一种看似植物的动物，它们通过制作坚固的石灰石“盔甲”来保护自己。

除了小丑鱼，没有动物敢靠近海葵有毒的触须，因为小丑鱼能分泌黏液保护自己。

当刺鲀受到威胁时，会快速吞水膨胀成球状，并竖起全身的刺。

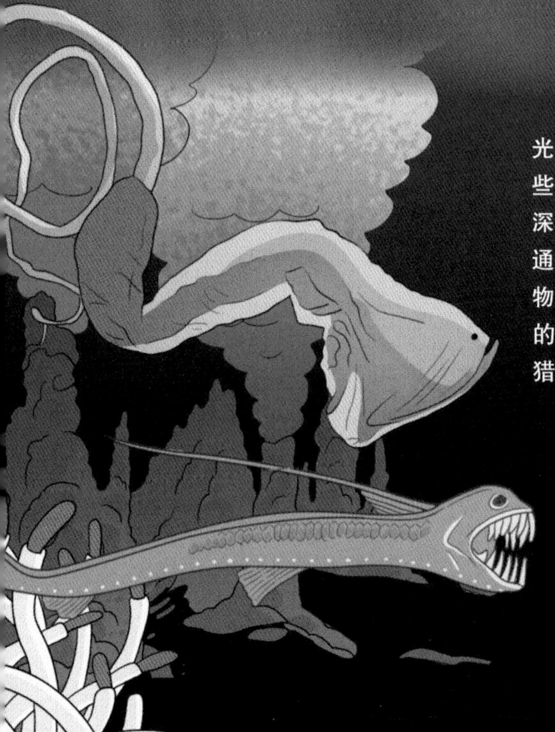

海底一片漆黑，太阳光无法穿透到这里。有一些奇怪的鱼类生活在海洋深处。在这里，许多鱼类通过发光来定位和吸引猎物。它们通常有一个大大的嘴巴，以确保可以抓住猎物。

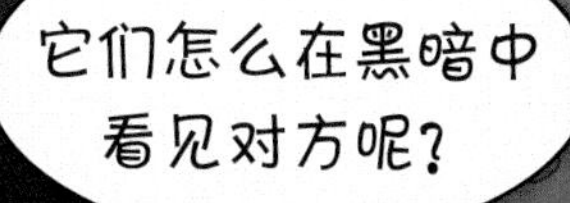

大洋洲

在这片广袤的大陆上，生活着一些在其他大陆上都找不到的神奇动物，比如袋鼠和考拉，当然还有一些古老的卵生哺乳动物。

袋鼠宝宝几岁从妈妈的口袋里出来？

袋鼠宝宝刚出生时只有花生那么大，它会在袋鼠妈妈的育儿袋里吃奶，安全地长大。在长到6个月时，它第一次把头探出来，开始吃一些嫩草。8个月的时候，它准备出去冒险了，但只要遇到一丁点儿危险，它就会马上回到妈妈的育儿袋里。只有在育儿袋再也装不下袋鼠宝宝时，它才会完全脱离妈妈，那大约是在它们1岁以后。

袋鼠能跳多远？

袋鼠的后腿长而有力，像弹簧一样。它们一次可以跳跃10米远，达到每小时50千米的速度。

考拉以桉树叶为食，它们也有育儿袋。考拉宝宝 6 个月大时，从妈妈肚子上的育儿袋里出来。它会紧紧地趴在妈妈的背上，一动不动！

针鼹仿佛是一个刺球，它有一个长长的嘴巴，用来吸食昆虫。针鼹的幼崽也会在妈妈肚子上的育儿袋里长大。小针鼹刚出生时光秃秃的，而且什么也看不见。

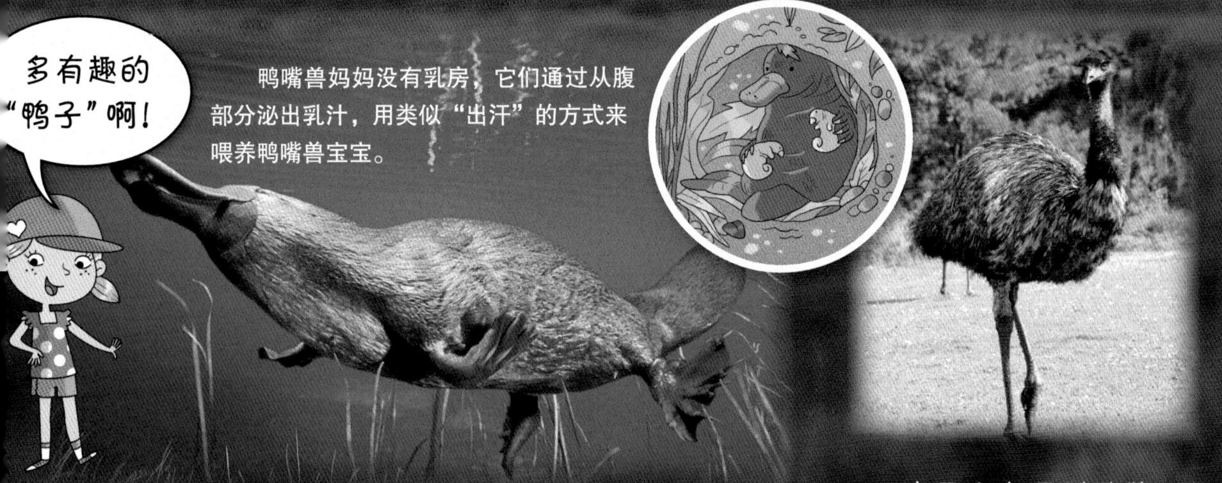

鸭嘴兽妈妈没有乳房，它们通过从腹部分泌出乳汁，用类似“出汗”的方式来喂养鸭嘴兽宝宝。

鸭嘴兽有鸭子一般的嘴、河狸一样的尾巴、带有蹼的脚和毛茸茸的身体。它和针鼹一样，都是卵生哺乳动物。它们生活在河岸边，能潜入水底，以虾米、蠕虫和昆虫为食。

这只大鸟名叫鸸鹋（ér miáo），它不会飞，奔跑速度可达每小时 70 千米，也是大洋洲的特有物种。

花 园

在花园或菜园里，我们可以看到无数爬行或飞行的小虫子，它们的生活随着季节的变化而变化。这些小虫子有的是园丁的敌人，有的则是园丁的朋友，它们在生态平衡中发挥着重要作用。

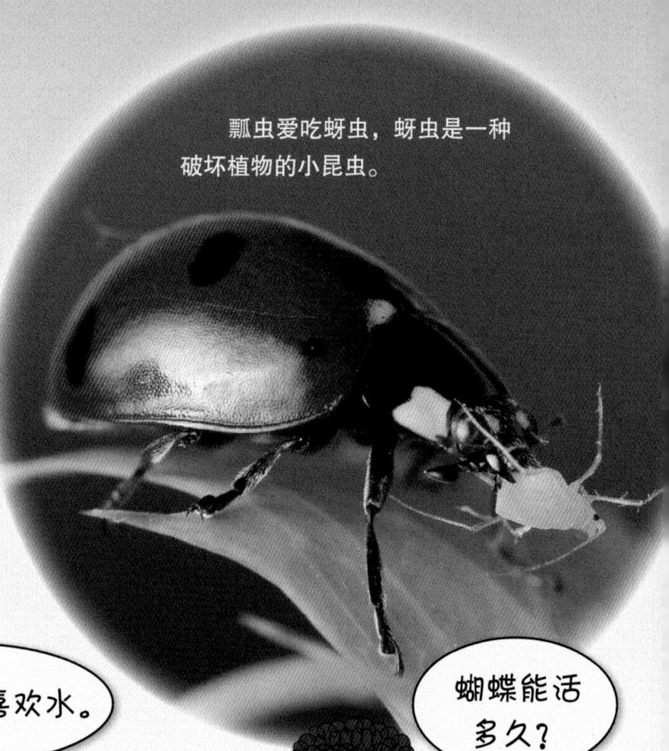

瓢虫爱吃蚜虫，蚜虫是一种破坏植物的小昆虫。

这种美丽的蝴蝶叫作“大菜粉蝶”，在菜园里很常见。

蜜蜂采蜜时，会用吻吸入一种甜甜的液体——花蜜，并通过腿上的绒毛收集花粉。蜜蜂把花蜜和花粉带回蜂巢。在那里，蜜蜂用花蜜和花粉喂养幼蜂，还将多余的花蜜酿成蜂蜜。

胡蜂一般呈黑黄相间的颜色，一旦察觉到危险，它就会展开攻击。

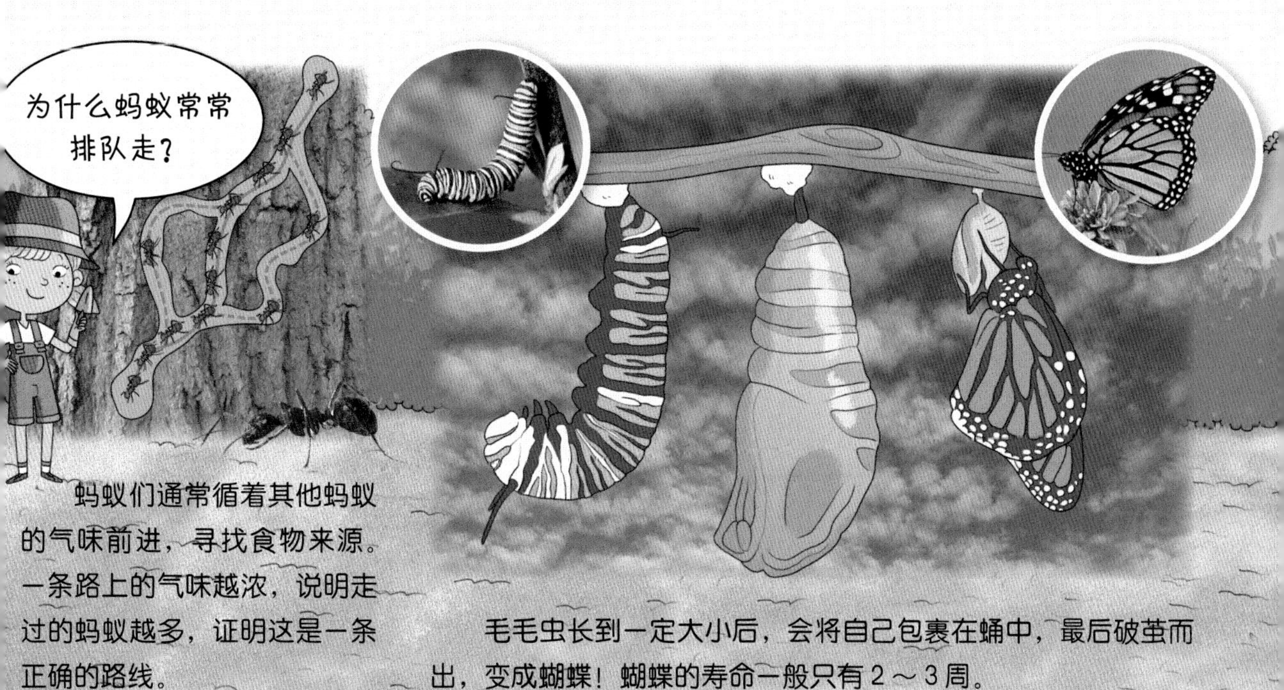

蚂蚁们通常循着其他蚂蚁的气味前进，寻找食物来源。一条路上的气味越浓，说明走过的蚂蚁越多，证明这是一条正确的路线。

毛毛虫长到一定大小后，会将自己包裹在蛹中，最后破茧而出，变成蝴蝶！蝴蝶的寿命一般只有 2～3 周。

很多鸟类在树枝上或是花园的篱笆上筑巢，有时也会在屋檐下筑巢。燕子等候鸟会在初秋飞往温暖的地方过冬，也有的鸟类在花园里度过冬天。

为了帮助鸟儿更好地生存，你可以做一个食罐，给它们喂些面包。

很多昆虫生活在花园里。有些昆虫，例如蜻蜓和蚊子，它们非常喜欢水塘，会在水塘里产卵。

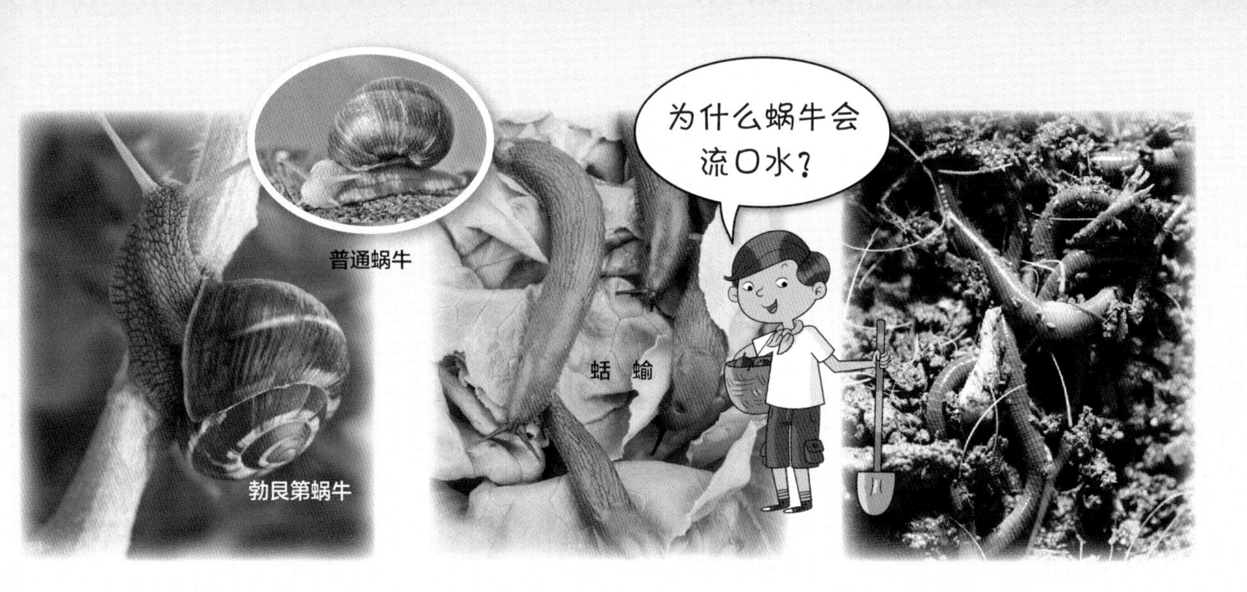

蜗牛和蛞蝓啃食植物的枝叶。蜗牛的“口水”实际上是一种黏液，除了能帮助它们移动，也能在它们冬眠或夏眠时，帮助它把身体严密地保护起来，还能杀死蜗牛表皮上的细菌。

蚯蚓的作用很大，因为它们能翻动土地，吃掉其中的碎屑，使土壤更加肥沃。

鼹鼠用它锋利的爪子挖出了一条地下通道，挖出的土堆在一起形成了一个鼹鼠丘。鼹鼠最喜欢的食物是蚯蚓，但它也吃很多昆虫。

像其他爬行动物一样，乌龟需要充足的阳光来保暖。到了冬天，乌龟则选择在地下冬眠。

图片来源

封面 : girafe © Fotolia/Shchipkova Elena ; kangourou © Fotolia/anankkml ; manchot adulte © Fotolia/BernardBreton ; bébé manchot © Fotolia/Silver ; fennec © Juniors/Photononstop

P. 3 : ours polaire © Fotolia/lanau ; patte d'ours © Fotolia/Michaklootwijk ; phoque © Fotolia/cris13 – P. 4 : bœ uf musqué © Biosphoto/Sergey Gorshkov/Minden Pictures ; allaitement phoque et bébé phoque © Fotolia/Vladimir Melnik – p. 5 : morse © Fotolia/MAK ; colonie de manchots © Fritz Pölking/Mauritius/Photononstop ; bébé manchot © Fotolia/Silver ; manchot et œ uf © Konrad Wothe/Look/Photononstop – P. 6 : dromadaire © 123rf/jahmaica ; vipère à cornes © 123rf/Eric Isselee ; addax © 123rf/Vladimir Blinov ; scorpion © 123rf/Nico Smit – P. 7 : tête de dromadaire © 123rf/Paul Vinten ; fennec © Juniors/Photononstop ; gerboise © 123rf/Matthijs Kuijpers – P. 8 : lion © Fotolia/mattiaath – P. 9 : zèbres © Fotolia/mattiaath ; girafe qui mange © Fotolia/Gianfranco Bella ; girafes © Fotolia/lucaar – P. 10-11 : fond de savane © Fotolia/IndustryAndTravel - P. 10 : éléphant qui s'arrose © Fotolia/javarman ; hippopotame © Fotolia/169169 ; rhinocéros © Fotolia/Palenque – P. 11 : crocodile © Fotolia/underworld ; autruche gardant ses œ ufs © 123rf/fullempty ; tête d'Autriche © Fotolia/demarfa – P. 12 : fond jungle © Fotolia/mtilghma ; jaguar © Fotolia/Atelier Sommerland – P. 13 : caïman © Biosphoto/Robin Monchâtre ; dendrobates : rouge et violet, jaune et violette © 123rf/Dirk Ercken, bleue © Fotolia/Greg, noire et verte © Fotolia/Mickaël L'Archiver ; anaconda © Biosphoto/Tony Crocetta – P. 14 : paresseux © Picture Press Illustration/Photononstop ; tatou © Fotolia/torugo ; tatou en boule © Biosphoto/François Gohier ; tigre © Fotolia/Mat Hayward ; colibri © Biosphoto/Tim Fitzharris/Minden Pictures ; Aras © 123rf/Prin Pattawaro ; toucan © Fotolia/seqoya – P. 15 : chimpanzé © 123rf/Chairat Rattana ; gorille © Fotolia/Clarence Alford ; orang-outan © Fotolia/duelune ; ouistiti © Biosphoto/Suzi Eszterhas/Minden Pictures ; singes hurleurs © Biosphoto/Juan-Carlos Munos ; singe araignée © Fotolia © lunamarina – P. 16 : cerf qui brame © Fotolia © wojciech nowak – P. 17 : sanglier © Fotolia/Alexander von Düren ; empreinte de sanglier © 123rf/Jozsef Demeter ; renard © Fotolia/hitman1234 – P. 18 : pic © Fotolia/mdalia ; coucou © Fotolia/carmelo milluzzo ; rossignol © Fotolia/dennisjacobsen – P. 19 : loup © Fotolia/sandycs ; loup qui hurle © 123rf/Yair Leibovich ; blaireau sortant la tête de son terrier © 123rf/franckljunior ; blaireau © Fotolia/Erni ; belette © 123rf/T.W. Woodruff ; pièce de 2 euros © Fotolia/chones – P. 20 : fond prairie © Fotolia/Sébastien Closs ; lièvre © Fotolia/Wolfgang Kruck ; lapin de garenne © Fotolia/suerob ; hérisson © Biosphoto/Claudius Thiriet – P. 21 : hérisson en boule © Biosphoto/Pascal Goetgheluck ; campagnol © Fotolia/creativenature.nl ; putois © Fotolia/Martina Berg – P. 22-23 : montagne © Fotolia/ grzegorz_pakula - P. 22 : chamois © Fotolia/jool-yan – P. 23 : chamois qui saute © Biosphoto/Robert Valarcher ; bouquetin © 123rf/Alexandra Giese – P. 24 : ours brun © 123rf/Sherry Yates ; panda © Fotolia/leungchopan ; marmottes © Fotolia/thier ; marmotte qui mange © Fotolia/Andreas Resch ; lynx © 123rf/Iakov/Filimonov – P. 25 : aigle royal © Fotolia/kuznetsoff ; aigle royal en vol © 123rf/Michael Lane ; condor des Andes © Fotolia/JackF ; lagopède © Fotolia/Sandpiper ; chocard en vol © 123rf/Michael Lane ; chocard à bec jaune © Fotolia/Wolfgang Kruck ; grand tétras © 123rf/Andrew Sproule – P. 26-27 : fond © Fotolia/Monique Pouzet – P. 26 : truite © Biosphoto/Jack Perks/FLPA ; martin-pêcheur © Fotolia/Emi ; loutre © 123rf/kajornyot ; héron

图书在版编目（CIP）数据

动物王国 / （法）埃马纽埃尔·勒珀蒂著；（意）曼努埃拉·内罗利尼绘；王丁丁译. — 广州：岭南美术出版社，2023.2
（探秘万物儿童百科·走近科学）
ISBN 978-7-5362-7559-1

Ⅰ.①动… Ⅱ.①埃… ②曼… ③王… Ⅲ.①动物—儿童读物 Ⅳ.①Q95-49

中国版本图书馆CIP数据核字(2022)第162939号

著作权合同登记号：图字19-2022-111

出 版 人：刘子如
责任编辑：李国正　周章胜
助理编辑：沈　超
责任技编：许伟群
选题策划：王　铭
装帧设计：叶乾乾
美术编辑：魏孜子

探秘万物儿童百科·走近科学
TANMI WANWU ERTONG BAIKE · ZOUJIN KEXUE

动物王国
DONGWU WANGGUO

出版、总发行：岭南美术出版社　（网址：www.lnysw.net）
（广州市天河区海安路19号14楼　邮编：510627）
经　　　销：全国新华书店
印　　　刷：深圳市福圣印刷有限公司
版　　　次：2023年2月第1版
印　　　次：2023年2月第1次印刷
开　　　本：889 mm×1194 mm　1/24
印　　　张：22
字　　　数：330千字
印　　　数：1—5000册
ISBN 978-7-5362-7559-1

定　　　价：218.00元（全12册）

Pour les enfants - Les animaux

Conception © Jacques Beaumont
Text © Emmanuelle Kecir-Lepetit
Images © Manuela Nerolini (Leaf Illustration)

策划 / 海豚传媒股份有限公司
网址 / www.dolphinmedia.cn　　邮箱 / dolphinmedia@vip.163.com
阅读咨询热线 / 027-87391723　　销售热线 / 027-87396822
海豚传媒常年法律顾问 / 上海市锦天城（武汉）律师事务所
张超　林思贵　18607186981

探秘万物儿童百科
走近科学

古老的城堡

[法] 埃马纽埃尔·勒珀蒂 / 著　[法] 露西尔·阿尔魏勒 / 绘
王丁丁 / 译

SPM 南方传媒 | 岭南美术出版社
中国·广州

过去的城堡

在欧洲的山间漫步的时候，人们有时会看到山顶上有一些废墟，那里曾经是城堡。在几百年前的中世纪，领主们建造了数以千计的城堡。

里面会不会有鬼？
谁住在城堡里？
城堡是什么时代的建筑？
好想知道那时的人们是怎么生活的。

为什么中世纪的
领主有这么大的
城堡?

领主之间一直在交战，每位领主都有一块领地，即封地。他们试图通过攻打相邻的领地来扩张自己的领土。

为了保护自己的领地，领主们建造了防御城堡，也就是带有围墙的城堡。他们把骑士安置在那里。如果发生袭击，领地的居民就会到城堡里避难。

为什么城堡一般
都建在山上?

城堡一般都建在高处，这样守卫的士兵可以很容易地发现远处的敌人。这种防御很难被攻破。

同时，士兵还能监视那些在城堡中劳作的农民。这些士兵除了是战士，还是警察!

最早的城堡是用木头建造的，因为木头在周围的森林里很容易就能获得。

早期的城堡外围有一道木栅栏，高耸的塔楼是城堡的主要建筑。塔楼的下方有一些小茅屋，士兵们住在那里。领主一般住在其他更舒适的地方。

木质塔楼和栅栏逐渐被指挥塔和石头围墙所取代。领主们来到他们的城堡定居，城堡变得更加威严，同时也被保护得更好。

后来，城堡变得更大了。一些农民和工匠也来到城堡周围居住。为了更好地保护自己的家园，城堡的居民建造了第二层围墙。

所有的城堡都一样吗？

不太富有的小领主只有一座城堡，既不大也不舒适。富有的领主则有好几座城堡，有的领主甚至有上百座！

豪华的城堡里不仅有大大的房间，还有彩绘的房顶和彩色的玻璃窗，墙壁上挂着美丽的毯子！

现在还有城堡吗？

领主之间休战时，他们才有精力建造更精致的城堡。被遗弃的旧城堡现在大部分已经成了废墟。

有些城堡就像城市一样雄伟，例如这座位于叙利亚的骑士堡。令人无比遗憾的是，它在近些年的战火中受到了严重的损坏。

城堡里

城堡里的一切都是为了防御而设计的，因此有一堵又长又厚的城墙环绕着城堡。

防御通道沿着城墙内侧的城垛延伸。士兵在通道上守卫着城堡。

遇到敌人进攻时，城堡的居民就会到**下院**中避难。**上院**是为城堡主一家和他的客人保留的。

有的城堡被宽大的护城河环绕着，要想抵达城堡必须先穿过护城河，这样能够给城堡增加一重保护。有的护城河外还有一层栅栏。

城堡主楼是城堡主和家人的住所。

城墙的内侧比外侧高。这样，后方弓箭手可以在前方弓箭手的头顶上方向外射箭。

士兵在**瞭望塔**上观察四周的情况。

上百个农民花几周时间就能建成一座**木质城堡**。但是若要建造一座**石头城堡**，即使有很多技术工人的帮助，农民们仍需要花费两三年的时间。一些大型城堡的建筑时间甚至长达20年。

桥头堡是保护吊桥的防御工事，士兵们在那里站岗。

士兵们藏在城堞的后方。城堞上有一些狭长的射击孔，弓箭手通过这些孔向下射箭，既不会被敌人发现，还能保护自己不被敌人射中。城堞之间的开口叫作垛口。士兵们也可以在垛口处瞄准射箭，但是这样更容易暴露自己。

这会增加攻入城堡的难度。这条沟渠原本是干涸的，沟渠里长满了野草，草地里藏着铁蒺藜——一种尖锐的铁质障碍物。后来，人们往沟渠里填满了水，并称它为护城河。

塔楼能让士兵从更多的角度攻击聚集在墙脚下的敌人。塔楼的墙上有一些狭长的射击孔，弓箭手或弩手可以站在射击孔后面瞄准敌人。

城堡的入口戒备森严，城门位于两座塔楼的中间，人们必须先通过吊桥才能进入城门。

有些城堡的城门前会有两座吊桥，较小的吊桥供行人使用，较大的则供马匹和马车通行。

为了阻止敌人进入城堡，卫兵们会收起吊桥。如果敌人还是越过了吊桥，卫兵就会放下两扇巨大的狼牙闸门困住敌人。

敌人被困住了！门廊的拱顶上方也有士兵防守，士兵们通过预先设计的孔道向敌人射箭或投掷石块。

下 院

下院是城堡的庭院，这里是一片祥和的景象：母鸡咯咯叫，马儿嘶嘶鸣，还有锻炉鼓风的声音……就像一个小村庄一样，城堡主的仆人和工匠都在这里忙碌着。

这些是城堡主的仆役，他们负责照料牲畜，种植粮食和蔬菜。

这里囤积着小麦、木材、干草和盐等生存必需的物品。一旦被围攻，人们即使被困在城堡中，与外界隔绝，也能生存一段时间。

城堡主和骑士的马匹也饲养在这里。农民饲养了绵羊、鸭、猪和鸡，能够获得羊奶、羊毛和鸡蛋。猪吃城堡里的垃圾，这真是太环保了！

工 匠

下院里有许多工匠在工作，日常生活和城堡防御所需的工具都是他们制造的。有些工匠是城堡的居民，有些工匠只是来这里贩卖工具。这里除了铁匠，还有木匠和石匠。

铠甲工匠除了制造盔甲，还修理破损的盔甲。

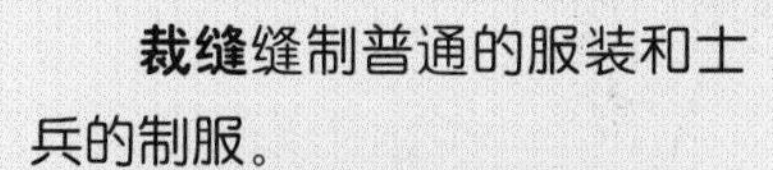

裁缝缝制普通的服装和士兵的制服。

陶匠烧制壶、罐子和盘子等日常所需的器具。

染匠把布料放进植物的混合物中煮沸，进行染色。

酿酒师酿造啤酒，供城堡主和宾客们在宴会上享用。

皮革匠将动物皮毛制成皮革，用来制作鞋子等物品。

铁匠把金属放入锻炉中熔化，然后倒入模具中铸成各种物品，如盔甲、箭镞（zú）等武器和其他工具。

马蹄铁匠专门制作马蹄铁，马蹄铁可以保护马蹄免受磨损。

城堡主楼

被城墙环绕着的城堡主楼矗立在城堡中央。厚厚的城墙后面，正是城堡主和家人们的居所。那里有个大厅，城堡主和家人的生活大多都集中在这里。

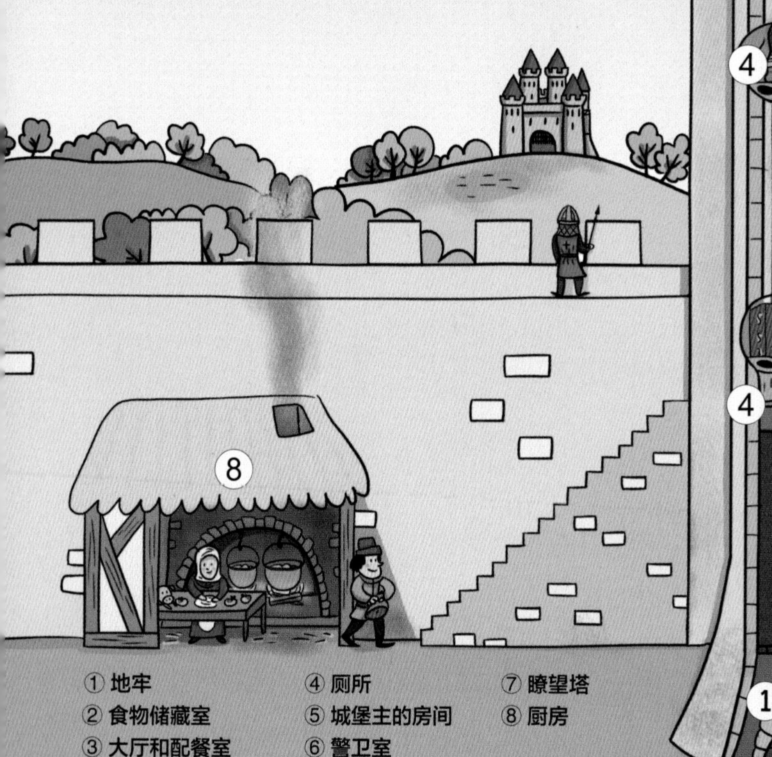

① 地牢
② 食物储藏室
③ 大厅和配餐室
④ 厕所
⑤ 城堡主的房间
⑥ 警卫室
⑦ 瞭望塔
⑧ 厨房

如果城堡顶端高高地悬挂着一面旗帜，这表示城堡主就在城堡中。如果城堡主不在城堡里，那么旗帜就会落下。敌人不会在城堡主不在的情况下攻击城堡，因为那样会被视为阴险小人，会失去荣誉和尊严！

城堡主楼的入口不是设置在一楼，而是在更高处，这增加了入侵者闯入的难度。在一些城堡中，人们通过简易的木梯进入主楼，必要时可以随时将木梯拆除。

城堡主楼的院落叫作上院。上院里有水井、教堂和花园，城堡里的女性在这里散步，种植水果和蔬菜。

城堡里的生活

大厅上面一层是城堡主和家人的居所。在那里，城堡主的妻子在管家的帮助下，管理城堡里的日常事务。

城堡主楼的房间很大而且很冷，到处都是穿堂风，因为窗户上没有玻璃，大多数窗户都只覆盖着简单的油纸！

人们用蜡烛照明。洗澡时也没有自来水，需要从院子中的水井里打水，然后倒进锅里烧热。

中世纪，人们点燃木柴，在壁炉里烹制肉类，这会产生大量的烟，而且发生火灾的风险很大。为安全起见，城堡里的厨房建在院子里，但又不能离得太远，这样食物端到城堡主的餐桌上时不至于变冷！在城堡主楼中，还有一个专门用来服务城堡主的配餐室。

城堡里的人们很少洗热水澡，因为那时没有浴缸，不过城堡主和他的家人们偶尔可以在大木盆里泡个澡。木盆里铺着床单，可以防止木刺扎伤屁股！

城堡里的厕所就是在墙角挖的一个简单的洞，通过井道和外墙下的壕沟相通。

孩子一般和父母睡在同一个房间，甚至是同一张床上。为了营造私密的空间，人们在床架上悬挂着布帘和挂毯。这些挂毯也可以用来防风保暖。

墙上挂着的香草可以驱散异味。地上铺着地毯，能隔绝老鼠、跳蚤和虱子。

小教堂一般建在城堡主楼的旁边，有些甚至建在城堡主楼的内部。城堡主和家人们非常虔诚，他们每天都来这里祷告。如果小教堂建在院子里，那么住在城堡里的其他居民也会来这里，在神甫的主持下祷告。

强盗等罪犯被关在地牢里。他们被锁链锁在狭小的空间里。城堡主会对他们进行审判，他们可能会被处以死刑。

在战争中被俘的敌方骑士也住在城堡里。通常情况下，城堡主会释放他们，以换取赎金。

那时候，富有的女士们在15岁左右就嫁给了她们的丈夫。婚姻通常是由家庭安排的，而不是出于爱情的选择。

那时人们的穿着和今天差别很大。女士们戴着长长的尖顶头罩，男士们穿着紧身衣裤和尖头鞋。

城堡主的妻子的职责非常重要。她要花费很长时间与女仆一起纺线、织布、刺绣和缝纫。除此以外，城堡主的妻子还要和厨房主管一起拟定菜单，安排仆役每天的工作，保障城堡日常事务的顺利运行。城堡主不在时，她还要指挥士兵，保卫城堡。

城堡里没有学校，由神甫来担起教师的职责。早上，城堡主的孩子们要学习算术、阅读和写字。

城堡主的妻子负责教授孩子们如何祷告，教导女孩如何成为一名有教养的女士。

下午，女孩们和妈妈一起学习刺绣、演奏乐器或朗诵诗歌。她们中有些人比她们的兄弟更有学识，因为那些未来的骑士们在搏斗、射击和剑术的训练上花费了太多时间。

侍　童

7岁之后，城堡主的儿子就要离开家，前往一位骑士的城堡。这位骑士将担任他的导师，负责将他培养成骑士。

他那么小就要离开父母了吗?

他要跟谁学习成为骑士?

在寄宿的家庭里，小男孩成为一名侍童。他要学习礼仪，为骑士提供一些服务，例如在骑士的宴会上倒酒或切肉，为骑士擦拭武器。他还要用木马练习骑马，学习打猎的技巧，陪伴骑士打猎，并练习使用弹弓。

一名侍童经过良好的训练，在14岁的时候，他就能成为一名侍从。他会跟随、协助骑士，照顾和看管骑士的马匹、武器和盔甲。

侍从还要练习骑在马上用长矛刺靶。他们必须击中一个模拟对手的盾牌，然后迅速低头，以免挂在另一端的沙袋转过来砸到自己。

成为真正的骑士

城堡的教堂里正在举行骑士册封仪式，这意味着一名侍从将成为真正的骑士。有时，这样的仪式会发生在战场上，当一名士兵在战斗中立下功劳后，也会被册封为骑士。

侍从跪在导师面前，向导师露出颈部。待导师庄严地用剑刃触碰年轻人的肩膀之后，侍从便成为一名骑士，他会发誓遵守骑士精神，直到生命终结。

在册封仪式的前夜，未来的骑士会沐浴更衣，这标志着他洗净了身上所有的罪孽。

他会穿上一身白色的束腰制服，神甫为他刮去胡子，并剪短头发。

之后，这个年轻人会在教堂里祷告整整一夜，既不吃也不喝东西。

册封仪式在教堂举行。做完弥撒后，侍从接受了册封，年轻的骑士会从导师或父亲那里获得宝剑和盾牌等装备。新晋的骑士要承诺遵守荣誉法则，正确地使用武器。

之后，他会为一位领主服务，这位领主可能是他的父亲、导师或其他骑士。他会发誓向领主效忠，直至死亡。作为回报，他能得到一块土地。

骑士比武

和平时期，骑士通过比武大会维持作战状态。这种表演式的比武吸引了大量的关注。比武大会主要有两种比赛形式：小组比武和一对一马上长矛比武。一对一马上长矛比武时，两位骑士骑在马背上，手持长矛，在竞技场的栅栏两侧对峙。

小组比武就像一场真正的战争。

比武开始的号角吹响了。

一对一马上长矛比武的目的是用长矛将对手从马上击落。如果长矛断裂，战斗将继续在地面上进行，双方持剑，率先夺走对手头盔的人获胜。

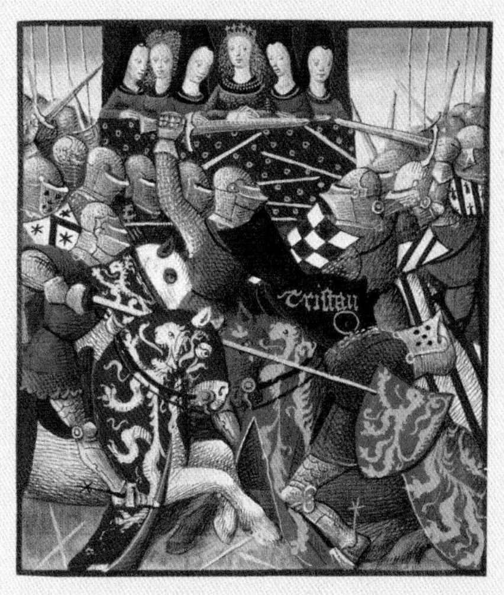

在小组比武时，两支队伍互相攻击，场面真是一片混乱！骑士比武时非常危险，甚至会危及生命。

在庆祝胜利的仪式上，贵族妇女会为获胜者颁奖。获胜者会赢得对手的马匹、武器和盔甲，随后他会被邀请到组织比赛的领主那里，接受宴请。

如果输掉的骑士想拿回他的装备和马匹，就必须从获胜者那里买回来。

盛大的宴会

为了庆祝例如结婚、生子、比武结束或狩猎成功等喜事，城堡主经常在城堡里举办盛大的宴会。大厅的桌子上摆满了食物。

由于中世纪时还没有发明餐叉，人们用右手的前三根手指抓取食物。富有的城堡主备有刀和勺子，但没有单独的盘子。用餐时，人们直接从餐盘上取食，或者把菜肴铺在厚厚的面包片上。有时，只有城堡主和贵客才用银制餐盘进餐。

由于没有毛巾，在餐前和餐后，仆人会为宾客端来清水洗手。

当贵客来临，厨师会用心烹制出许多美味佳肴，例如：烤野猪、烤鸡、烤苹果、新鲜出炉的面包、馅饼、奶油、水果等。司酒官奉上葡萄酒，酒里通常会掺水。更多的时候人们喝啤酒，有时甚至把几种酒倒进一个杯子里喝。

在宴会上，音乐家、杂耍演员、舞者轮流表演，以娱乐宾客，有的宴会上甚至还有驯熊师……看，多么热闹啊！

攻击迫在眉睫
有时城堡主会与邻居发生争端，导致冲突；有时为了扩张领土，领主之间也会发生争战。
看啊，攻城者把护城河填上了！
攻城者用泥
和成捆的木材填
护城河，这样才
把攻城的器械运
到城墙脚下。

占领一座城堡需要做充分的准备。攻城者会在城堡射程以外选址建立军营。他们搭建很多帐篷，因为围攻可能要持续很长时间！

进攻一般选在夏季，因为这是收获麦子的季节，攻城者可以在附近的乡村找到充足的食物补给。

进攻之前，攻城的士兵要砍伐木材，将它们捆扎起来填到护城河里，并制作爬上城墙的云梯。士兵们还会把攻城的器械组装起来，并推到城墙下。敌人包围了城堡，困守城堡内的人便无法向相邻的城堡主寻求增援。

冲 锋

进攻开始了。进攻者把所有的攻城器械都投入使用，试图突破城堡的防御。

战斗十分激烈，攻城者就在城堡围墙脚下，他们的目标是通过各种方式攻入城墙上的防御通道。他们把箭和石头从各个方向射向城堡。进攻可能会持续很长时间。被围困在城堡中的人可能会坚持几周甚至几个月才投降。

投石器是一种巨大的弹弓，它能将重达100千克的石球投射到200米外，而且精准有力。

弹射器的力量比投石器小，但它更易操作，还可以拖到城墙脚下再弹射。

投矛器能发射出长矛。攻城者在长矛上裹上一层浸有沥青的布，将长矛点燃后投入城堡内，使城堡里的火势蔓延。

敌人还会将大型木质攻城塔运送到城墙周围。这种塔车最多可容纳100名士兵，他们可以利用攻城塔快速攀爬，越过城墙。

这座带轮子的小房子其实是攻城槌，里面藏着用来攻城的撞槌。撞槌是一根巨大的树干，十几名士兵才推得动，顶端用铁加固，做成公羊的形状，悬挂在可以移动的木架上。木架上覆盖着潮湿的兽皮，可以保护士兵免受射击与火攻。

攻城的一方用攻城槌来撞击城门，或者在吊桥升起时砸碎吊桥。

为了占领城堡，进攻者用尽了一切手段，比如在隐蔽的地方挖地道，并用木柱把地道支撑起来。

一旦进入城墙内部，进攻者会用油脂或秸秆填满地道并将其点燃。他们还会毁坏城墙的根基，促使城墙倒塌。

传令官在瞭望塔的顶部告知防守士兵：城堡正在遭受猛烈的攻击。

在城堡的院子里，指挥士兵的统帅正在发号施令，指挥作战。这些士兵一年四季都生活在城堡里，他们住在塔楼或城堡入口处的宿舍里。

这些士兵不是骑马作战，而是步行作战，因此他们被称为“步兵”。

根据使用的武器的不同，步兵各有专长。弓箭手用弓（见①），弓弩手用弩（见②），其他人用战斧或长矛（见③）。弩是一种比弓箭射程更远、威力更大的远距离武器。

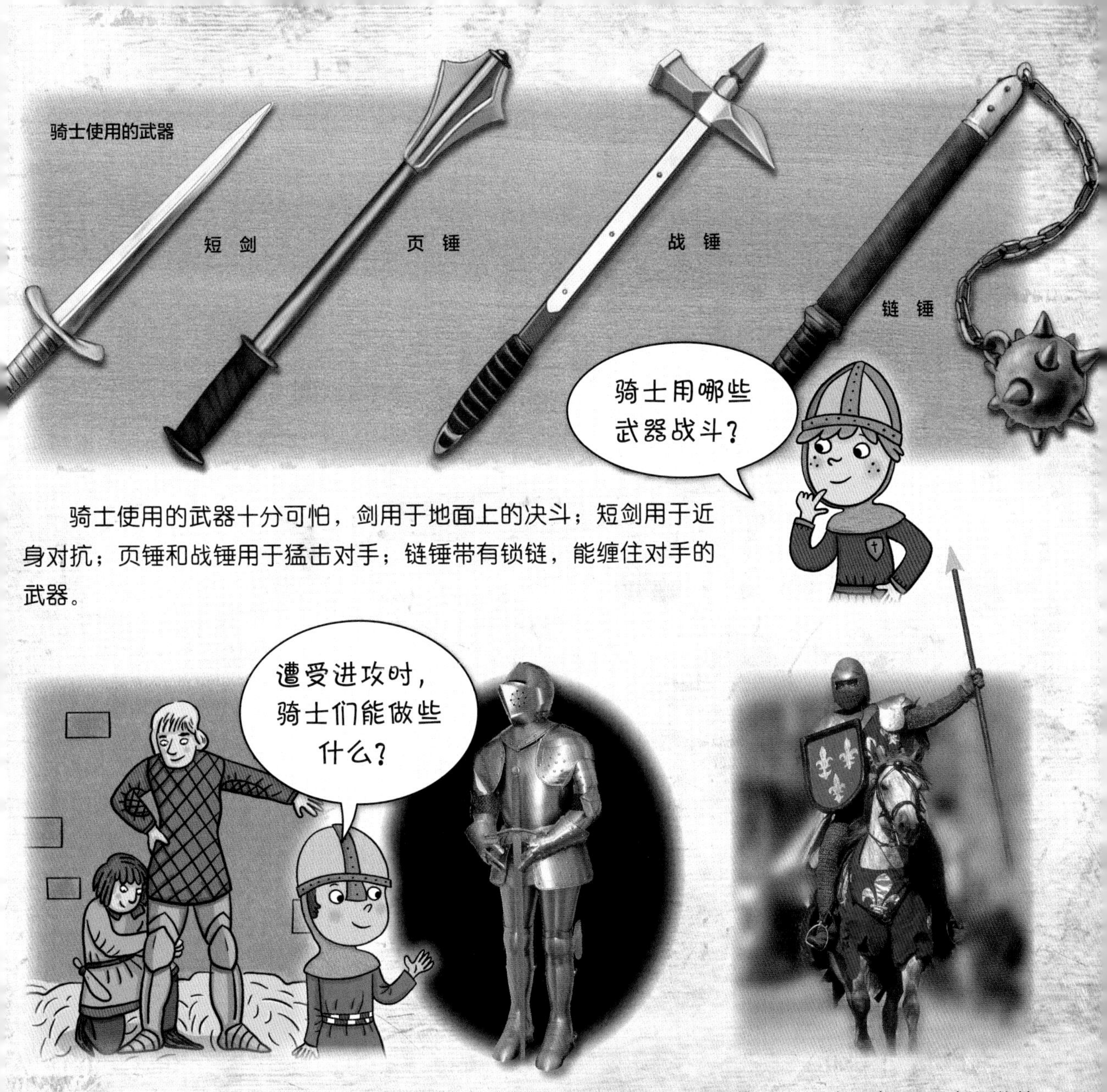
骑士使用的武器
短 剑
页 锤
战 锤
链 锤
骑士用哪些
武器战斗？
遭受进攻时，
骑士们能做些
什么？

骑士使用的武器十分可怕，剑用于地面上的决斗；短剑用于近身对抗；页锤和战锤用于猛击对手；链锤带有锁链，能缠住对手的武器。

当城堡遭受进攻时，骑士们会当仁不让地保卫城堡，他们在侍从的帮助下穿上盔甲。骑士带着盾牌和长达3米的长矛，跃上马背，冲出城堡与敌人作战。

为了给敌军制造混乱，骑士会进行突袭。有时，骑士突袭是为了掩护信使前往另一个城堡寻求增援力量。骑士还可以在城墙上战斗。

骑士还会在夜里出城，放火烧毁敌人的攻城器械，攻击敌人的营地。

守卫的士兵会从城墙顶部向下倾倒沸水、灼热的沙子或生石灰，阻止城墙下的敌人往上攀爬。

他们还用钉耙来推倒梯子，从城堡的垛口和射击孔射出箭和弩。

这些长长的木质走廊是什么？
木质回廊内部
木质回廊

突 堞

作为防御措施，城墙上的防御通道和塔楼上都修建了木质隔板，这道木质回廊突出在城垛之外，守兵可以通过隔板上的缝隙向下射箭或倾倒滚烫的液体。为了防御火箭的攻击，木质回廊上面还会覆盖湿润的兽皮。然而，木质隔板还是有可能会着火，后来它们就被石质的突堞所取代了。

为什么士兵在地窖里放一碗水？
1
2

通过这碗水人们可以观察地面是否在颤动。这是为了弄清敌人是否在挖掘地道，如果碗里的水泛起波纹，就意味着危险临近了。

监测到敌人的行动后，守卫的士兵立刻向外挖掘地道（见①）来阻断敌人的计划（见②）。双方相遇时，士兵们会在地底战斗！

城堡内也在进行着有组织的防御。敌人从城墙外投射进来的火焰在城内蔓延，妇女们会从水井开始，排队传递水桶，试图扑灭燃烧着的大火。

城堡内的人们还要焚烧敌人从城墙外扔进来的垃圾和尸体，避免疾病在城堡内传播。

进攻开始前，城堡主管辖的农民会带着粮食和牲畜躲进城堡里避难。然而，储备的物资逐渐被消耗，越来越少。几个月后，已经没有什么可以吃的了。为了不被饿死，人们甚至会吃老鼠、草或煮软的马鞍。

几个月过去了，冬天到来了。战斗已经平息，但敌人仍然包围着城堡。因为与外界隔绝，城堡里的食物越来越少，士气也越发低落。

水比食物更为珍贵而且更加需要保护，因为敌人可能会破坏水源或者往水里投毒。

被围困在城堡里的人还会派出信鸽，向附近的城堡主求救。

经历了长期的围城之后，眼看食物和弓箭都将耗尽，城堡主会带领他的骑士们投降。不过，攻城者也可能会因为饥饿和严寒而筋疲力尽，选择撤军，停止战斗。

图片来源

封面 : Chevalier © Cartier / AgenceImage / Getty images ; Boulets et catapulte © Fotosearch
P. 2 : Château de Bonaguil © Body Philippe / Hemis – P. 3 : Ville fortifiée © AKG images ; Château sur colline © Design Pics / Michael Thornton / Getty images ; Enluminure « Les très riches heures du Duc de Berry » © AKG images – P. 4 : Bûcherons © Bibliothèque Nationale, Paris, France / Bridgeman Giraudon – P. 5 : Château
du Plessis-Bourré © Daniel Boudineau ; Krak des Chevaliers (reproduction) © Giorgio Albertini / Leemage ; Krak des Chevaliers (photo) © Morandi Bruno / Hemis – P. 8 : Douves © Fotosearch ; chausse-trape © DR ; tour de guet © Fotosearch – P. 9 : Châtelet d'entrée : Jean-Pol Grandmont ; Pont-levis © Vanni Archive / Corbis –
P. 12 : Basse-cour © Heritages Images / Corbis ; Forgerons © The Granger Collection NYC / Rue des Archives ; Armuriers © Ravenna / Leemage ; Potier © The Granger Collection NYC / Rue des Archives – P. 13 : Maréchal-ferrant © Rue des Archives / UAIP ; Brasseur © AKG images ; Tanneur © Bibliothèque Nationale, Paris, France / Bridgeman Giraudon ; Couturiers © Luisa Ricciarini / Leemage ; Teinturiers © British Library Board. All rights reserved / Bridgeman Giraudon – P. 15 : Dame au jardin © Osterreichische Nationalbibliothek, Vienna, Austria, / The Shapelton Collection / Bridgeman Giraudon – P. 16 : Chambre © Italian School / Getty images ; P. 17 : Grande salle © John Bethell / Bridgeman Giraudon ; P. 18 : Latrines © Hervé Champollion / AKG images ; Plantes aromatiques © Fotosearch ; P. 19 : Chapelle (intérieur) © Fotosearch ; Chapelle et donjon © Fotosearch ; Jugement dans la grande salle © Heritages images / Leemage – P. 20 : Mariage © Bibliothèque municipale, Boulogne-sur-mer / Bridgeman Giraudon ; Réunion © AKG images / British Library ; Dames qui filent © Rue des Archives / Tal – P. 21 : Jeune fille jouant de la musique © Neil Holmes / Bridgeman Giraudon ; Garçons s'entraînant © Collection Grob / Kharbine Tapabor ; Jeunes garçons luttant © Luisa

Ricciarini / Leemage – P. 22 : Jeunes garçons se battant à l'épée © Luisa Ricciarini / Leemage – P. 24 : Adoublement de François Ier © Archives Charmet / Bridgeman Giraudon – P. 25 : Hommage d'un chevalier à son suzerain © AKG images / Visioars –
P. 26 : Mêlée © Leemage ; Chevaliers joutant © Fotosearch – P. 27 : Combat à l'épée © Fotosearch ; Mêlée devant tribune © Leemage – P. 28-29 : Scène de festin © French School / Getty images – P. 29 : Sanglier rôti © Dorling Kindersley / Getty images ; Faisant rôti © Dorling Kindersley / Getty images – P. 30 : Campement © Lebrecht Music & Arts / Corbis – P. 34 : Trébuchet et catapulte © Fotosearch ; Scorpion © DR ; Beffroi © AKG images / North Wind Pictures Archives – P. 35 : Bélier © Dorling Kindersley / Getty images – P. 36 : Archer © Dorling Kindersley / Getty images ; Arbalétrier © AKG images ; Hallebardier © Fotosearch – P. 37 : Armure © Fotosearch ; Chevalier © Cartier / AgenceImage / Getty images – P. 38 : Chevaliers au combat © The Granger Collection NYC / Rue des Archives ; Assaut © Coll. Jonas / Kharbine Tapador ; – P. 39 : Hourd © Hervé Champollion / AKG images ; Mâchicoulis © DR

插图 : Giampietro Costa / M.I.A : P. 21 : Étude, P. 32-33 : Attaque, P. 37 : Armes.

图书在版编目（CIP）数据

古老的城堡 /（法）埃马纽埃尔·勒珀蒂著；（法）露西尔·阿尔魏勒绘；王丁丁译. — 广州：岭南美术出版社，2023.2
（探秘万物儿童百科·走近科学）
ISBN 978-7-5362-7559-1

Ⅰ.①古… Ⅱ.①埃… ②露… ③王… Ⅲ.①城堡—世界—儿童读物 Ⅳ.①K916-49

中国版本图书馆CIP数据核字(2022)第162931号

著作权合同登记号：图字19-2022-111

出 版 人：刘子如
责任编辑：李国正　周章胜
助理编辑：沈　超
责任技编：许伟群
选题策划：王　铭
装帧设计：叶乾乾
美术编辑：胡方方

探秘万物儿童百科·走近科学
TANMI WANWU ERTONG BAIKE · ZOUJIN KEXUE
古老的城堡
GULAO DE CHENGBAO

出版、总发行：岭南美术出版社　（网址：www.lnysw.net）
（广州市天河区海安路19号14楼　邮编：510627）
经　　销：全国新华书店
印　　刷：深圳市福圣印刷有限公司
版　　次：2023年2月第1版
印　　次：2023年2月第1次印刷
开　　本：889 mm×1194 mm　1/24
印　　张：22
字　　数：330千字
印　　数：1—5000册
ISBN 978-7-5362-7559-1

定　　价：218.00元（全12册）

策划 / 海豚传媒股份有限公司
网址 / www.dolphinmedia.cn　　邮箱 / dolphinmedia@vip.163.com
阅读咨询热线 / 027-87391723　　销售热线 / 027-87396822
海豚传媒常年法律顾问 / 上海市锦天城（武汉）律师事务所
张超　林思贵　18607186981

探秘万物儿童百科
走近科学

工程车本领大

[法] 埃马纽埃尔·勒珀蒂 / 著　[法] 艾丽斯·蒂尔夸、克里斯托弗·冈格洛夫 / 绘
王丁丁 / 译

SPM 南方传媒 | 岭南美术出版社
中国·广州

一个大家族

欢迎来到“轰隆隆”的机械世界！这些工程车拥有巨大的轮子和铲斗，以及在高空中挥来挥去的长臂，真令人着迷！让我们一起来认识它们，了解每种工程车的用途吧！

当工程车运行的时候，警报铃会响起，这是在提醒大家注意躲避，避免发生意外。工程车身上还有用于照明的闪光灯和用于警示的反光带，使它们在夜晚也很显眼。

建筑行业不只属于男孩，越来越多的女孩也开始进入建筑行业！

根据不同的用途，工程车可以分为不同种类。以下是我们最常见的一些：

拆除机，用于拆毁。

挖掘机，用于挖掘。

工程卡车，用于运输。

塔吊，用于将材料提升到高处。

推土机，用于平整地面。

为什么工程车大多是黄色的？

谁能驾驶这些车？

工程车大多是黄色、红色和橙色的，鲜艳的颜色更加引人注目。

工程车里面配有很多设备。倒车摄像头能提醒司机注意后方有人，倾角传感器可以防止车辆翻倒。

年满18岁且持有相关操作证的人才能驾驶工程车。

拆除机

有时候，在建造新的建筑物之前，人们要先把又老又破的旧建筑物拆除，然后清除废墟上的瓦砾。拆除机专门从事这项复杂的拆除工作。

现在，我们通常是拆解旧的建筑物，而不是直接将它摧毁：首先把建筑物内部的构件逐一拆分，进行分类和回收，然后再使用大型机械拆除建筑物的外壳。

在一些国家，人们使用破碎球拆除建筑物——把破碎球悬挂在汽车起重机上，通过摆动破碎球来砸开墙壁。但是由于这种设备一旦启动，就很难控制力度，因此在有些国家已经被禁止使用。

人们会使用拆除机来拆除建筑物。拆除机的伸缩臂可以伸得很高，铲斗或大钳子用来破坏屋顶和外墙，固定在伸缩臂末端的夹钳可以拆除建筑物的内部构件。工人们会在施工现场安装防护篷布，并用喷淋水管进行喷洒，防止扬尘。

在拆除高层建筑物时，大块的建筑碎片会顺着长长的像滑梯一样的溜槽滑落到楼下的翻斗里，然后被卡车运到工厂，在那里进行分类和粉碎。

如果建筑物的位置偏远，而且建筑材料无毒无害，那么可以使用炸药爆破。“轰隆！”10秒之后，一切都夷为平地了。

挖掘机

挖掘机也被称为挖土机，是建筑工地上的多面手，人们用它来拆除房屋、挖掘土地、清除瓦砾等。施工作业开始时，挖掘机是最先到达现场的机械。

挖掘机的机械臂由两部分组成：上部是动臂，下部是斗杆。
动臂
斗杆
挖掘机的驾驶室可以360度旋转。
它为什么可以挖洞？
机械臂末端的巨大铲形工具叫作铲斗。
挖掘机通常配有履带。

这和坦克上的履带是一样的吗？

完全一样！有了履带，挖掘机就可以在泥地、雪地或高低不平的地面上前进，不会打滑或下沉。

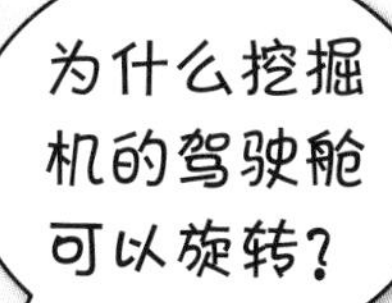

为什么挖掘机的驾驶舱可以旋转？

挖掘机的驾驶舱能够360度旋转，这样可以很方便地挖掘四周的土石方，而且无须移动挖掘机底座就可以把土石倒进卡车里。

挖掘机有什么功能？

挖掘机的用途非常多，人们常常利用它来挖地基、平整土地、开沟、拆迁、修坡等。

挖掘机是一种多功能的施工机械。根据施工任务的不同，挖掘机的机械臂末端可以配备多种不同的装置。

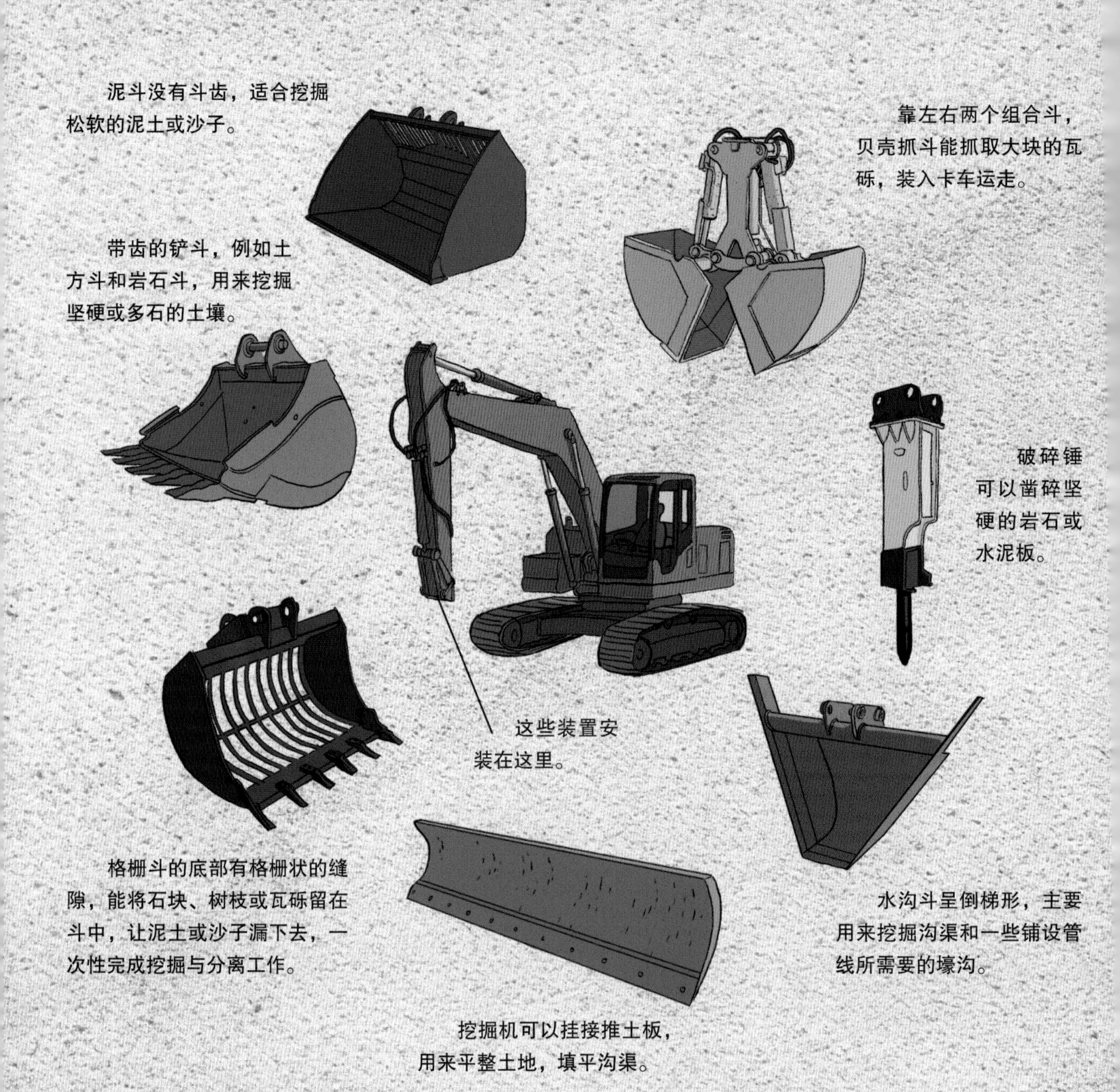

泥斗没有斗齿，适合挖掘松软的泥土或沙子。

靠左右两个组合斗，贝壳抓斗能抓取大块的瓦砾，装入卡车运走。

带齿的铲斗，例如土方斗和岩石斗，用来挖掘坚硬或多石的土壤。

破碎锤可以凿碎坚硬的岩石或水泥板。

这些装置安装在这里。

格栅斗的底部有格栅状的缝隙，能将石块、树枝或瓦砾留在斗中，让泥土或沙子漏下去，一次性完成挖掘与分离工作。

水沟斗呈倒梯形，主要用来挖掘沟渠和一些铺设管线所需要的壕沟。

挖掘机可以挂接推土板，用来平整土地，填平沟渠。

最大的工地挖掘机重达1000吨，相当于6头成年蓝鲸的重量！

挖掘机的速度快吗？

不快，挖掘机是一种行驶非常缓慢的机械，因为它的履带无法快速移动。挖掘机的行驶速度是每小时4千米，相当于一个人正常的步行速度。因此，挖掘机不能在机动车道上行驶。人们用平板运输车把挖掘机运到施工地点。

蜘蛛挖掘机拥有4个轮子和4条可以伸缩的“腿”，能在非常陡峭的地面上工作！

长臂挖掘机的机械臂很长，可以伸到很高的地方或挖很深的洞。

水陆两用挖掘机可以下水，能在沼泽和河滩中作业，例如清除河底的淤泥。

挖掘装载机

不要把挖掘装载机和挖掘机弄混哟！挖掘装载机拥有4个轮子，它的驾驶室不能旋转，但驾驶员的座椅可以旋转。挖掘装载机看起来就像一台拖拉机，一头是铲斗，另一头是挖斗。

挖掘装载机的后轮后方有两个稳定支脚，在挖掘装载机工作时，支脚可以减少挖掘时产生的冲击力，防止车辆翻倒。

挖掘装载机有像拖拉机一样的轮子！
这台挖掘装载机好像拄着拐杖一样。

挖掘装载机也被称作装载挖土机，俗称“两头忙”。

它是怎么工作的？
它的速度快吗？

挖掘装载机可以一次性做两件事：先用挖斗挖掘，然后转过来用铲斗把挖出的土铲走。

快！因为有轮子，所以挖掘装载机比挖掘机的速度快。它可以在机动车道上行驶。

驾驶员要怎样操作背后的铲斗？

驾驶员的座椅可以旋转，座椅前后都有操纵杆，他只需要转动座椅就可以切换工具了！

看，这台挖掘装载机没有挖斗！

在建筑工地上，我们还能看到简单的挖掘装载机。它们用大铲斗铲起沙子、泥土和石头，然后快速运到目的地。

工程卡车

工程卡车在工地现场来回穿梭，运来建筑材料或带走瓦砾砂石。它们既能在公路上行驶，也能在泥泞的荒地中前进。它们配备了车斗或平台，可以装载重物。

卡车司机坐在驾驶室里，按下中控台上的一个按钮就能升起车斗，按下另一个按钮又能降下车斗。

这是一辆翻斗车，它的车斗可以向后翻倒，把物品倾倒出来，通常用来装运砂石、瓦砾或水泥。

如何翻倒车斗？

这种卡车带有随车机械臂，机械臂的末端装有一个抓斗，可以把大块的瓦砾抓入车斗中。

这是刚性自卸车，它可以承载几百吨的负荷，也是一种翻斗车。刚性自卸车有4个巨大的轮子。它的车斗可以在10秒内快速翻倒！

铰接式自卸车和刚性自卸车很相似，但铰接式自卸车的驾驶室和车身是相互独立的，行驶更为灵活。凭借6个宽大的车轮，它可以在更加泥泞的路面行驶。

混凝土搅拌车

混凝土搅拌车的用途是把搅拌好的混凝土运送到工地。在运输过程中，滚筒会不停地旋转，这样混凝土在滚筒内就不会结块或凝固。

到达工地后，混凝土搅拌车通过车尾长长的出料斗，把混凝土倒入建筑物的地基里。新鲜的混凝土看起来像灰色的浆。混凝土变干后会变得特别坚硬，房子也就牢牢地扎根于地下了。

混凝土由水泥（一种经过高温焙烧的细磨材料）、砂、石子和水按比例搅拌而成。

搅拌车是如何搅拌的？
混凝土是怎样装进滚筒里的？
进料斗

混凝土搅拌车的滚筒是一个搅拌罐，里面装着特殊形状的螺旋叶片。在进料和搅拌时，滚筒里的叶片向内旋转；出料时，叶片又向外旋转，把混凝土沿着叶片向外卸出。

在滚筒的后方有一个漏斗状的进料斗，混凝土就是从这里被倒入滚筒中的。

混凝土是从输送带出来吗？

有些混凝土搅拌车上没有出料斗，只有一条输送带，可以将混凝土输送到较远的地方。这是输送带式混凝土搅拌车。

有的搅拌车，像这种带有铰接臂的，可以将混凝土提升到6层楼的高度。

塔 吊

塔吊用于建造桥梁和高层建筑物，它们把工人需要用的施工材料，比如混凝土板、钢筋、钢管、窗户等吊到高处……塔吊上还可以挂上一个吊篮，方便工人高空作业。

塔吊有大型、中型、小型3种型号。在城市里，有些塔吊高达85米，这相当于17只成年长颈鹿摞在一起的高度。

固定在地面上的塔吊是建筑工地最常见的起重机。

回转平台
平衡臂
起重臂
驾驶舱
配 重
滑 架
吊 钩
塔 身

塔吊有多大？

塔吊的大臂可以向各个方向转动，一头是起重臂，另一头是平衡臂。

塔吊的起重臂上挂着一个可以移动的滑架，下方有吊钩。吊钩可以先下降到地面，把材料吊起，然后沿着起重臂上的轨道前后移动，把材料运送到需要的地方。

塔吊的底部被一整块混凝土牢牢固定在地面上；塔吊平衡臂的尾部还挂上了几吨到几十吨不等的配重块，防止塔吊向前倾倒。

塔吊司机坐在塔顶的驾驶舱里，控制起重臂，用吊钩移动重物。塔吊很高，塔吊司机要通过塔身里的楼梯，手脚并用地爬上高高的驾驶室。

塔吊司机通过控制左右两个操纵杆进行操作。为了确保操作安全，塔吊司机要通过无线电对讲机与地面上的信号员联系，在信号员的指挥下操作。

风太大时，塔吊司机要把转台的制动器松开，这样起重臂会随风转动，但不会有掉落的风险。

这是为了让飞机和直升机在夜晚能够看到它们，不会撞上去。

塔吊是怎么组装的？

卡车把塔吊的零部件运到工地后，施工人员就在汽车起重机的帮助下开始组装底座和部分塔身，然后固定好起重臂和驾驶舱。这样我们就组装好了一座矮矮的塔吊！之后，塔吊就可以自动爬升了——一个机械装置把塔吊的上部和底座分开，汽车起重机把一节塔身装填进空出来的位置，塔身就这样一节一节地“长高”了。

塔吊只有这一种吗？

塔吊的种类有很多，比如这座没有塔头的平头式塔吊。

城市里出现了越来越多的动臂式塔吊，因为它们占用的空间较小。

这是移动式塔吊，它们更轻，可以自行安装，移动也很方便，适用于小型工地。

汽车起重机

与静止不动的塔吊不同，汽车起重机可以在工地四处移动，非常方便！有时，它的伸缩臂会伸到很高的地方。

我们通常把汽车起重机称为“吊车”！和塔吊一样，它有一个起重臂和一个操控舱。只要到了目的地，驾驶员就可以离开卡车的驾驶室，进入起重机操控舱操纵起重臂了。

汽车起重机操作时要用稳定支脚撑住地面，所以它不适合在松软的场地工作。

汽车起重机的起重臂可以根据需要伸长或缩短。

操控舱和起重臂的平台可以旋转。

但它是一辆卡车啊！

小型汽车起重机适用于小型工地。起重臂的末端可以安装吊篮，把工人们抬到高处修剪树木或在屋顶上铺瓦等。

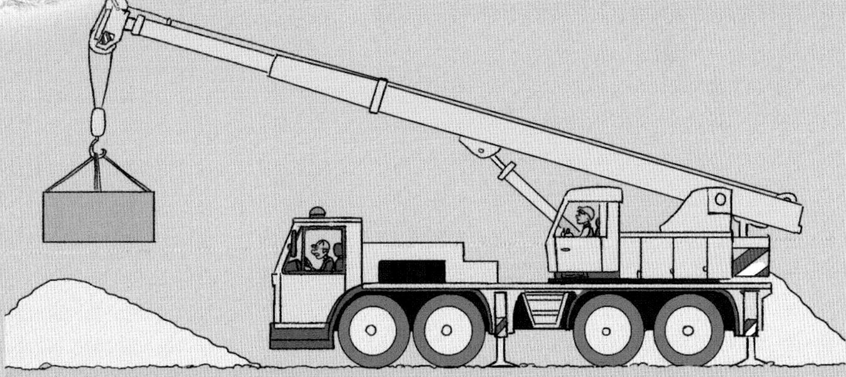

在大型建筑工地上，大型汽车起重机和塔吊相互配合。大型汽车起重机需要两个司机：一个司机在前面的卡车驾驶室驾驶，另一个司机在后面的起重机操控舱里操作。

履带式起重机非常强大，它是利用履带行走的，经常用来搭建风力发电机或铺设高压线。

除了汽车起重机、履带式起重机，可移动式起重机还有其他类型，比如这台越野轮胎起重机，可以在崎岖不平的山地作业。

小型机械

几乎所有的施工机械都有多个大小不同的尺寸。小型机械在城市里作业起来非常方便。它们占用的空间很小，不会阻碍交通，几乎在任何角落里都可以施工。

破碎锤可以安装在小型挖掘机末端，它的工作方式类似于手提钻。

工人提着手提钻，把人行道上的石头或混凝土击碎。

这是一台迷你压路机，在铺设沥青之前，它先把路面压平，这样铺的路就会很平整！

迷你挖掘机是一种非常小的挖掘机，用它沿街挖沟非常方便。它经常和迷你装载机一起相互配合作业。

只要年满18岁，而且考了相关的操作证的人就可以驾驶，但是要注意安全！人们还可以租借这些小型机械在家里使用，例如种树、修整花园等。

不，这是一辆小型履带式翻斗车。它的铲斗可以上升、下降和翻转。司机可以站在脚踏板上直立驾驶。

这是一台蜘蛛起重机，它的机械臂可以展开，适合在狭小的空间内使用，比如在建筑物内工作。它的伸缩臂可以伸到3只成年长颈鹿摞起来那么高。

推土机

推土机是一种巨大的履带式拖拉机。它前部有一个铲刀，可以把经过的路面推平。推土机可以用来填坑、平整农田、清除积雪等。

大型推土机的发动机特别强大，功率甚至可以达到几百千瓦！但它行驶的速度比一个小孩骑车还要慢。

这里要修建一条新的马路。推土机最先到达，它能平整地，为修路做好准备。

推土机前方的铲刀可以调节上下和倾斜的角度，铲刀往下可以铲除土壤、树根、岩石，甚至把树木连根拔起。

铲刀稍稍抬高，可以用来平整路面。

当推土机从一个地点移动到另一个地点时，司机会把铲刀升起来。推土机的铲刀可以换成铲斗，用来铲运泥土。

推土机的后面有一些大铁钩，可以用来犁地，使土地变得疏松细碎。

推土机主要用来平整或清理大片土地，为铺路或建造房子做准备。

道路上的专用机械

修建道路是一项漫长而精细的工作，要经历许多阶段，需要花费几年的时间。

推土机、铲运机、平地机、压路机、铺路机……修建一条新的道路需要用到许多机械，每种机械都有自己的用途。一些机械只有在大型建筑工地上才能见到！

它们负责修路工程的第一步——土方工程，它们的目标是为铺路做好准备：清除路障、平整地面和压实地面。

推土机的工作结束后，就轮到铲运机上场了。铲运机用铲斗来铲削土地表层，并铲走碎土。

然后，铲运机把碎土倒入路面坑洼不平的地方。铲运机施工过的路面十分平坦，不会颠簸。

铲运机的工作结束后，轮到平地机上场了。平地机配有巨大的铲刀，它像摊煎饼一样把地面弄得平平整整的。

接下来上场的是压路机，也叫作压土机。它将土壤压实，使其坚硬又牢固。

由于泥土比较松软，为了防止路面下沉，工人们要在路面铺上碎石砾，并把路面压实，形成一层密实的路基。

翻斗车边走边倒出石砾。

平地机用刮土板把石砾铺开并压平。

最后，压路机把石砾牢牢地压进土壤里。

这台大型机械是用来干什么的？
为什么这台挖掘机在路边挖沟？

这台挖掘机配备了一个破碎斗，可以把地面上的岩石挤压成石砾，方便使用。

人们要在道路的两边埋下电缆和排水管道。

快结束了吗？

接着，一台大型机械——沥青摊铺机登场了，它比一群大象还要重！摊铺机在道路上缓慢地移动，铺上一层黑色沥青。等沥青变干后，路面会变得像石头一样坚硬。

一辆翻斗车把沥青倒进摊铺机车头的槽里，传送带把沥青运送到车尾的工作台上。摊铺机一边缓缓向前，一边通过振动将沥青铺在路面上。然后，压路机紧随其后，碾压所有的材料，把路面压得结实、平整。

路上的指示线是怎么画的？

工人们操控着道路划线机，在路面喷涂一种特殊油漆。这种油漆在夜间可以反射车灯发出的光。与此同时，工人们在起重车的帮助下铺设路缘石，安装路灯和路标。这条道路终于要建成了！

桥梁建造者

建造桥梁对人类来说是一个巨大的挑战——有些桥要穿越山谷，有些桥要横跨河流甚至大海！建造桥梁需要使用很多特殊机械。过去，桥梁是用石头、木材等建造的。今天，桥梁大多是用钢筋混凝土建造的。

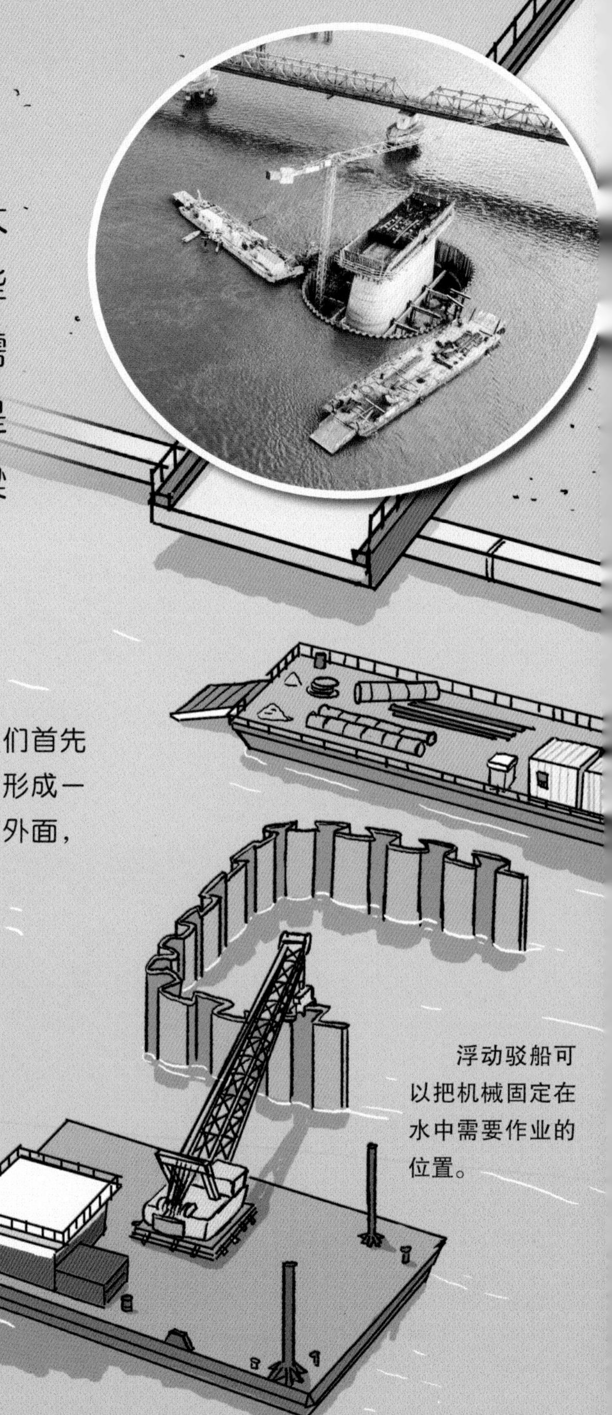

为了在河道里修建桥墩，工人们首先要把钢板桩打入河床并围成一圈，形成一个围堰。围堰可以把水和土石挡在外面，方便工人在里面浇筑桥墩。

浮动驳船可以把机械固定在水中需要作业的位置。

钢板桩是用带有大型振动锤的起重机打进河床深处的。多块钢板桩紧紧拼接在一起，阻止水流进入。

围堰建好后，工人们会用水泵把围在里面的水全部抽干，然后在里面施工！

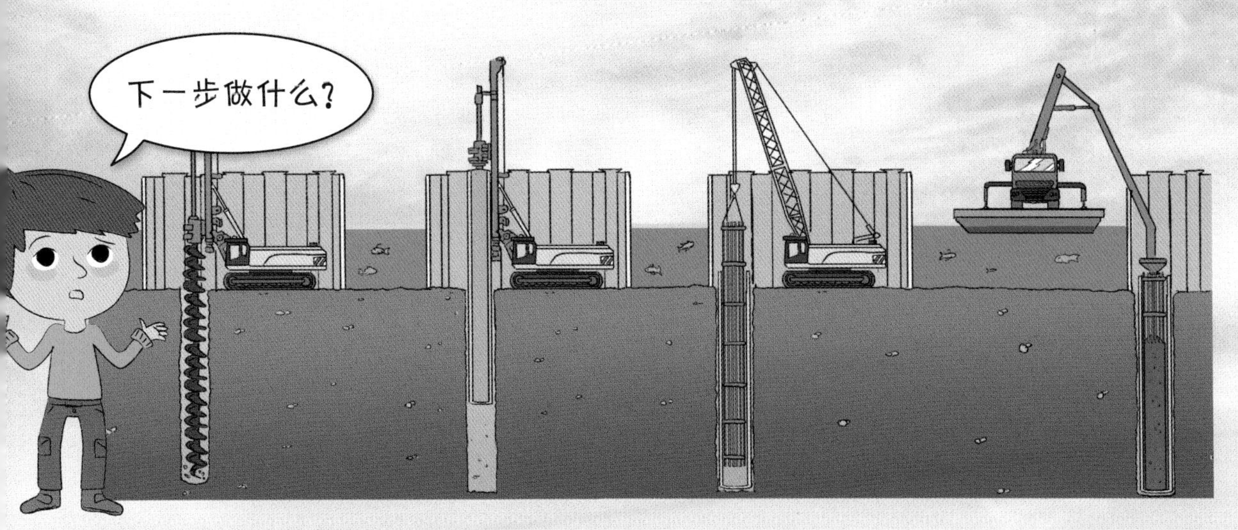

下一步是浇筑桥墩。首先，用一台带有巨大螺旋叶片的挖掘机挖出河底的泥沙；然后把巨大的空心钢管深深地插进坚硬的土壤中；接着用钢筋加固钢管，用混凝土填筑钢管；最后，在这根坚硬的柱子外浇筑一层非常厚的混凝土来支撑桥梁的重量！

桥墩一般在工厂预制，运到施工现场，由大型起重机安装。但是对于特别高的桥来说，桥墩是在现场一层一层地浇筑的。工人们利用起重机把混凝土注入模具。等混凝土变干后，再在上面重新装配模具，浇筑新的一层。

当所有桥墩都建好后，就需要铺设桥梁的桥面了。工人们通常用塔吊把一节一节的桥面板吊上去拼接起来。

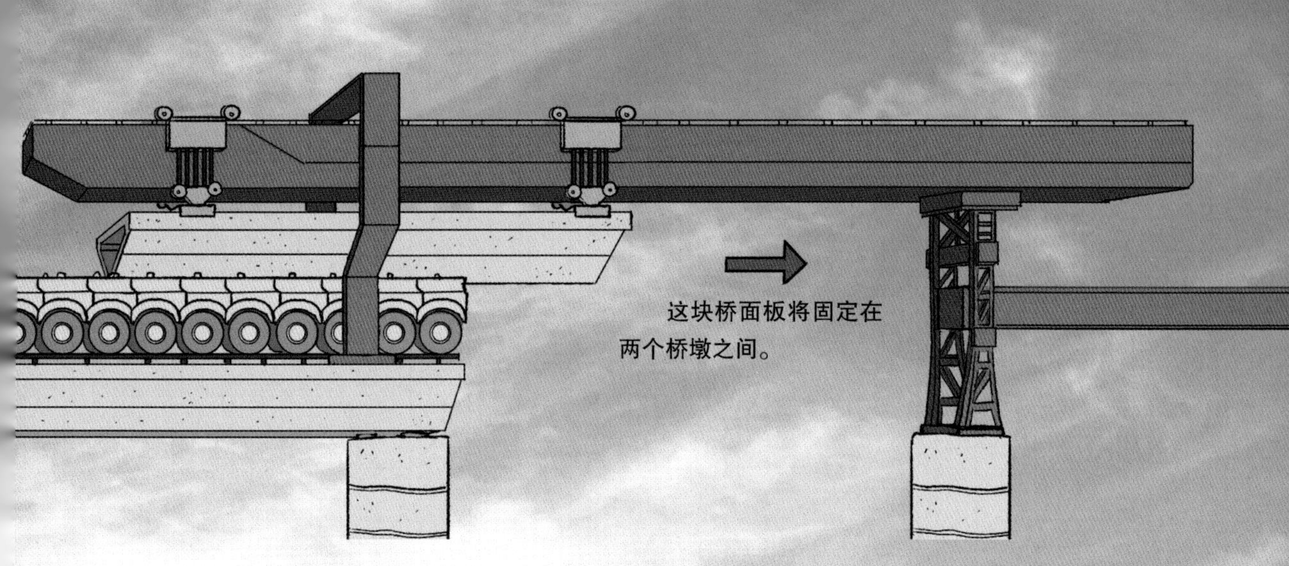
这块桥面板将固定在
两个桥墩之间。

另一种方式就是从桥的两端把桥面板逐个向中间推移，直到桥面合拢。

多么宏伟啊！

在风很大的地区，工人们还要安装塔架和钢缆，用来固定桥梁，防止它晃动。

位于法国南部的米约高架桥是世界上较高的斜拉桥之一。

地下机械

地下有许多矿产：煤、铜、金、银……为了开采这些宝藏，人们在地下深处挖掘了长长的隧道。采矿机械必须能够应对地下极端的条件！

为了通过低矮的地下隧道，采矿机的形状是扁平的，它们又长又坚固，可以抵御塌方。由于地下的温度很高，所以它们的轮胎必须非常耐热！

它们的形状真有趣！

这些通道是用什么机械挖的？
采煤机是怎么进入矿井的？

滚筒采煤机是一台巨大的设备，它的滚筒上焊接着许多螺旋叶片，叶片的顶部装有金刚石截齿，可以击碎最坚硬的岩石。

为了开采煤矿，工人们要用钻井机挖掘一口又大又深的井，然后在地面安装一座钻井井架。井架是一座能像电梯一样上上下下的大塔，矿工和采矿机械都是从这里进出矿井，并把矿石运送出去的。

矿井专用装载机是一种窄窄的、扁平的装载机，它把矿石、废石或其他材料装进井下运输车，从采掘地点运输到地面。井下运输车有好几节车厢。

工人们用金属锚杆加固隧道的顶部，防止矿井塌方。

隧道掘进机

隧道掘进机专门用于开凿地下隧道或山间隧道。正是有了这台神奇的机械，人们才可以建造地铁隧道、火车隧道和过江隧道等工程。人们甚至利用这项技术在英吉利海峡的海底修建了一条连通英国和法国的海底隧道。

隧道掘进机是如何开凿隧道的？
这些传送带是做什么的？
隧道的墙壁是怎么建造的？

掘进机的前端有一个巨大的轮子，上面带有非常锋利的回转刀片，能破碎岩石。

上方的传送带把碎石和泥土运出隧道，下方的传送带运来预制的混凝土板，用来建造隧道的墙壁。

当掘进机向前移动时，一个机械装置吊起混凝土板并将它们固定在隧道墙壁上。

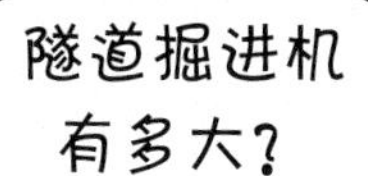

是谁在操控这台机械？
隧道掘进机有多大？

一名操作主司机通过多台计算机控制着隧道掘进机，这种机械已经实现了高度自动化。

隧道掘进机通常是为一项工程专门订制的，它的直径必须和即将开挖的隧道一致。制作完成后，掘进机会被分成若干个零部件，运到施工现场组装起来。目前最大的隧道掘进机有好几千米长！

有的岩石对于隧道掘进机来说太坚硬了，所以开凿隧道时需要把炸药埋入山体，然后引爆。

当隧道建成后，隧道掘进机就会被拆除。图中这台机械是铺轨机，用来铺设铁路轨道。

世界上最大的工程机械

超大型轮斗挖掘机Bagger 293是目前世界上最大的挖掘机，它比一座26层的建筑物还高，重量相当于25架大型飞机的重量！它在露天矿山挖掘并铲运岩土。

这些巨大的机械不是在任何地方都能工作的，我们只有在露天矿山或摩天大楼的建筑工地才能看到它们。

露天矿山的规模很大，人们用各种机械在这里开采珍贵的矿产。

目前世界上最大的卡车是别拉斯75710，它是一台矿用翻斗车。这头“巨兽”有3头蓝鲸那么重，它在西伯利亚的煤矿上工作。司机还不到它轮胎的一半高，需要借助梯子才能爬上驾驶座。

目前世界上最大的推土机是意大利制造的超级推土机！它巨大的铲刀可以铲平路过的一切！

目前世界上最大的装载机是由美国勒图尔勒公司制造的。它的铲斗一次可以搬运相当于12头非洲象的重物。要知道，一头非洲象重达10吨！

目前世界上最高的塔吊在沙特阿拉伯吉达塔的施工现场，高1100米，是埃菲尔铁塔的3倍多高！吉达塔建成后将高达1000米。

未来的机械

未来人们在建筑工地上工作就像玩电子游戏一样——利用无人机进行测量，然后用计算机生成施工方案并自动传输到工程机械上，这些机械将自动施工！

越来越多的工作将通过遥控机器人来完成，例如这台大型拆除机器人布罗克800。

在日本，已经有一些高速公路是由无人设备施工了，它们在无人机的指挥下井然有序地完成自己的任务。

这台小型挖掘机是第一台完全电动的工程机械，它造成的污染非常小。

工程师和工人通过平板电脑或虚拟现实耳机等设备跟踪工地的施工进度。

未来，人们还能将计算机芯片植入建筑物内，例如埋进大桥的桥面！这些芯片可以监测建筑物的磨损程度和稳固性，提醒人们及时进行建筑物维护，避免发生事故。

图片来源

封面 : © Shutterstock ; © Shutterstock

从左到右，自上而下：
P. 3 : © Shutterstock ; © Shutterstock ; © Shutterstock / P. 4 : Shutterstock /
P. 5 : © Adobe Stock ; © Shutterstock / P. 6 : © Shutterstock / P. 7 : © Shutterstock ; © Shutterstock ;
© Shutterstock / P. 8 : fond © Shutterstock / P. 9 : fond © Shutterstock ; © Shutterstock ;
© Adobe Stock ; © Shutterstock / P. 11 : © Shutterstock ; © Shutterstock ; © Shutterstock /
P. 12 : fond © Shutterstock ; © Shutterstock ; © Shutterstock / P. 13 : fond © Shutterstock ;
© Shutterstock ; © Shutterstock / P. 14 : © Shutterstock / P. 15 : © Shutterstock ; © Shutterstock /
P. 16 : fond © Shutterstock / P. 17 : fond © Shutterstock ; © Shutterstock ; © Shutterstock ;
© Shutterstock ; © Adobe Stock / P. 18 : fond © Shutterstock ; © Shutterstock ; © Shutterstock ;
© Shutterstock / P. 19 : fond © Shutterstock ; © Shutterstock ; © Shutterstock / P. 21 : © Shutterstock ;
© Getty Images_Kozmoat98 / P. 22 : © Shutterstock / P. 23 : © Shutterstock ; © Shutterstock /
P. 24 : © Shutterstock / P. 25 : © Shutterstock ; © Shutterstock / P. 26 : © Shutterstock / P. 27 : fond
© Shutterstock ; © Photo12/Alamy ; © Shutterstock ; © Shutterstock / P. 28 : fond © Shutterstock ;
© Photo12/Alamy / P. 29 : fond © Shutterstock ; © Adobe Stock ; © Shutterstock ; © Shutterstock /
P. 30 : © iStockphoto.com_Drazen / P. 31 : fond © Shutterstock / P. 32 : fond © Shutterstock ;
© Photo12-Alamy ; © iStockphoto.com_Shauln / P. 33 : fond © Shutterstock ; © iStockphoto.
com_Coral222 ; © Shutterstock / P. 34 : © Shutterstock / P. 35 : © Shutterstock ; © Shutterstock ;
© Shutterstock ; © Getty Images_Vostok / P. 36 : fond © Shutterstock / P. 37 : fond © Shutterstock ;
© Alp Transit Gotthard AG / P. 38 : © Photo12/Alamy / P. 39 : © Getty Images_Bloomberg ; © Komatsu
Europe ; © Komatsu Mining ; © Photo12/Alamy / P. 40 : Brokk France / P. 41 : Volvo CE

封底 : © Shutterstock

感谢本书的科学顾问——工程师马蒂厄·利贝蒂。

图书在版编目（CIP）数据

工程车本领大 / （法）埃马纽埃尔·勒珀蒂著；（法）艾丽斯·蒂尔夸，（法）克里斯托弗·冈格洛夫绘；王丁丁译. — 广州：岭南美术出版社，2023.2
（探秘万物儿童百科·走近科学）
ISBN 978-7-5362-7559-1

Ⅰ.①工… Ⅱ.①埃… ②艾… ③克… ④王… Ⅲ.①工程车－儿童读物 Ⅳ.①U469.6-49

中国版本图书馆CIP数据核字(2022)第162934号

著作权合同登记号：图字19-2022-111

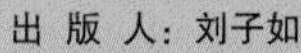

出 版 人：刘子如
责任编辑：李国正　周章胜
助理编辑：沈　超
责任技编：许伟群
选题策划：王　铭
装帧设计：叶乾乾
美术编辑：胡方方

策划 / 海豚传媒股份有限公司
网址 / www.dolphinmedia.cn　　邮箱 / dolphinmedia@vip.163.com
阅读咨询热线 / 027-87391723　　销售热线 / 027-87396822
海豚传媒常年法律顾问 / 上海市锦天城（武汉）律师事务所
张超　林思贵　18607186981

探秘万物儿童百科 · 走近科学
TANMI WANWU ERTONG BAIKE · ZOUJIN KEXUE
工程车本领大
GONGCHENGCHE BENLING DA

出版、总发行：岭南美术出版社　（网址：www.lnysw.net）
（广州市天河区海安路19号14楼　邮编：510627）
经　　销：全国新华书店
印　　刷：深圳市福圣印刷有限公司
版　　次：2023年2月第1版
印　　次：2023年2月第1次印刷
开　　本：889 mm×1194 mm　1/24
印　　张：22
字　　数：330千字
印　　数：1—5000册
ISBN 978-7-5362-7559-1

定　　价：218.00元（全12册）

探秘万物儿童百科
走近科学

我们的家园

［法］埃马纽埃尔·勒珀蒂／著　［法］艾丽斯·蒂尔夸／绘
王丁丁／译

SPM 南方传媒 | 岭南美术出版社
中国·广州

地球，我们的家园

“生态”这个词源自古希腊语，“生态学”则意味着“我了解我的家园”。这里的“家园”指的就是地球。

这是谁的家园？

这是我的家园，是你的家园，是全人类的家园！地球是所有生物的家园，我们和地球上的其他动植物一起共享它。

为什么地球上有生命存在？

因为地球上具备生命存在的必要条件：空气、水、肥沃的土壤和适宜的温度。

是的，即使是在撒哈拉沙漠或冰冻的极地，都有生命存在。地球上汇聚了各种不同的生态环境，我们称之为“生态系统”。生活在不同地方的动植物都适应了各自所处的生态环境。

地球很脆弱吗？

不，地球非常坚强！但有些生态系统比较脆弱，一旦发生变化，它们就很容易受到威胁。例如，如果气候变暖，两极的冰雪就会融化。

如果一种动物消失了，会对地球造成很严重的影响吗？
那么，我们要保护地球吗？

是的，会造成很严重的影响。因为在地球上，一切都是相互联系的。一种动物的消失会威胁到整个环境的平衡。例如，如果没有蜜蜂，谁来采食花蜜，为植物授粉呢？

当然！就像你住在一栋房子里，你会定期保养和维护它，让每一位居住的人都感到舒适。你不会任凭某一处倒塌，然后说“倒了也无所谓”。

一位与众不同的居民

地球上生活着一个特殊的物种——人类！当人类在某个地方定居时，会占用大量空间，并试图改变那里的一切。但是，人类考虑过其他居民的感受吗？

人和动物之间有什么区别？

史前时代

在史前时代，人类以采集植物和狩猎动物为生。他们用木头生火，用石头制造工具。

10000 年前

人类开始耕种土地、饲养动物。他们砍伐树木，发明了提升效率的金属工具，建造了村庄。

200 年前

后来，人类建造了城市和道路，用风或水驱动磨坊和船只。

动物会改造自然。例如，河狸会用牙齿把树木啃断，用来建造住所和水坝。

人类也会改造自然，而且改造的程度更深。人类使用一些非天然的材料，如混凝土，还用机器砍伐树木，而且砍伐数量巨大。

今　天

人类发明了机器，这让工作变得更加轻松。化肥的发明让植物生长得更快，汽车、飞机的发明使人类走得更远。

这些改造自然的行为都会污染空气、水和土壤，并侵占其他物种的领土。希望在未来，人类可以找到解决这些问题的办法！

你呼吸的空气

没有空气，谁都无法呼吸！我们看不到空气，但它就在我们周围。令人担忧的是，现在空气污染的问题已经越来越严重了。

当你呼吸时，你从空气中吸入氧气，并吐出二氧化碳。其他动物也是如此。

空气好像一个看不见的罩子，包裹在地球周围，人们称之为“大气层”。大气层由一些微小的颗粒和气体组成，环绕着你，让你能够呼吸。

陆生植物和水生植物通过吸收二氧化碳来制造氧气，它们对地球上生物的平衡起到至关重要的作用。

工厂、汽车、飞机以及我们使用的机器都会污染空气！为了让机器能够运转，我们需要燃烧由石油和化学品制成的燃料，这会产生烟雾。

烟雾中含有固体悬浮颗粒、一氧化碳、二氧化碳等污染空气的物质，它们不仅会使建筑物变黑、变脏，还会使人生病。

被污染的空气随风飘散，它们不是消失了，而是飘到其他地方。然后，雨水会将污染源带回地面，这样就会污染水和土壤！

以前人们产生的污染更少吗？

150 年前，工厂林立，城市笼罩在浓浓的黑烟中。工厂靠煤炭运转，污染严重。今天，污染源虽然不同，但是污染量成倍增加……幸运的是，现在人们有了一些减少污染的方法！

减少污染的方法是什么？

一些工厂在烟囱内安装了过滤器，以防止里面的灰尘和有毒气体跑出来。

汽车的排气管也安装了过滤器，但一般在汽车行驶路程到达 15 千米，排气管变热后才能起到净化作用。短距离的汽车行驶依然会造成巨大的污染！

于是，电动汽车和混合动力汽车（既能使用汽油，也能使用电力）诞生了。

如果是短距离出行，我们最好选择骑自行车或者步行！

在城市里，最好乘坐公共交通工具，或者选择拼车，而不是单独开车。至于长途旅行，交通工具上可以选择以火车代替飞机，因为火车对环境的污染更少。

尽量减少浪费，例如可以学着把一些可食用的果蔬皮做成菜肴。（我保证，做得好的话会很好吃！）

尽量避免购买在地球另一端种植或生产的物品，因为这些物品需要通过船、飞机或卡车才能运达，会造成巨大的环境污染。

我们饮用的水

地球虽然被称为“蓝色星球”，但是它表面覆盖的大多是咸水，新鲜的淡水是稀有而珍贵的。然而，我们正在污染和浪费宝贵的淡水资源！

植物蒸腾、海水蒸发等方式产生的水蒸气聚集在云中，然后以雨水的形式落回地球上。雨水注入河流和湖泊，并渗入地下，形成储备在地下的水资源。

在山区，水有时会以泉水的形式涌出。

人类耕种农田时会使用化肥，这些化学产品被雨水带入池塘、河流，或渗入地下，污染了地下水源。

在一些大型养猪场，猪的尿液和粪便被填埋在地下，但它们经常会溢出，进入河流。下雨时，雨水会将露天垃圾场的垃圾带到地下，流动的水将这些污物带入下水道，污染地下水。

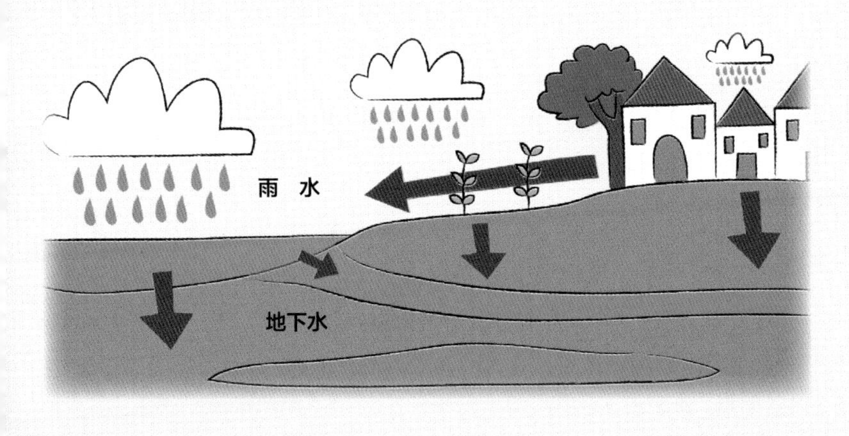

我们洗碗、洗衣服、上厕所等行为也会污染水源。

自来水干净吗？

在一些国家，自来水很干净，因为从地下抽出的水在输送到家里的水龙头之前经过了净化处理。

从家中或工厂排出的污水流入污水处理厂，经过净化处理后排入河流。

有没有哪些地方的水不干净？
有没有缺水的地方？

有的。在很多发展中国家，既没有污水处理厂，也没有干净的饮用水，很多人因此而生病。

世界上有些地区极度缺水。需要正视的是，水源污染严重、用水效率低下、水资源浪费等问题一直存在，加上人口数量不断增加、经济快速发展，使得人类对水的需求量不断增加，水资源形势更加严峻。

如何减少水资源的浪费？

- 用完水后关闭水龙头！
- 用淋浴代替泡澡。
- 收集雨水或洗菜水，用于浇花。
- 不要浪费食物和其他物品，因为生成一切都需要水。

如何减少水污染？

生成以下物品分别需要多少水？

一颗苹果：70 升

一杯牛奶：200 升

一千克白糖：400 升

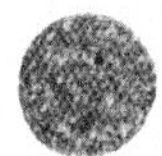

一块碎肉牛排：2400 升

一件 T 恤：20000 升

使用环保型家庭用品，或者使用天然原料自己制作家庭用品。

尽量使用肥皂洗澡，少用对水资源造成较大污染的香味沐浴露。

少穿化纤材质的衣服，因为在洗涤时，它们会释放出微塑料纤维，并进入下水道，污染水资源。

滋养土地

植物生长的土地对维持地球上的生态平衡和生物的生存至关重要。而且，土壤十分脆弱，为了保持土壤的生命力，我们不能滥用土地。

肥沃的土壤中富含腐殖质。腐殖质是一种黑色的、潮湿的物质，它通过植物根系为植物的发育提供营养。

昆虫、蠕虫和所有生活在地下的小动物都可以制造腐殖质！它们啃食枯叶和动物残骸，通过消化作用，将其转化为腐殖质。

人类向土地索取得太多了！人们开辟了大片农田，总是在同一个地方种植同一种作物，收获后又立即重新播种！由于没有足够的腐殖质，土壤已经枯竭了！

为了激发土壤的活力，人们在土壤中过量施用化学肥料，这些肥料也会污染土地。

人们还会给农田喷洒农药。这些农药可以杀死危害农作物的杂草和害虫，但与此同时，它们也会杀死制造腐殖质的小动物！

乡村变得死气沉沉，毫无生机，就连吃害虫的鸟儿也死了。此外，人们吃的水果、蔬菜和谷物中也含有微量的农药，它们在慢慢地毒害人类。

这种污染的后果是什么？

停止伤害！

现在，越来越多的农民决定：

让耕地休养生息，让昆虫和鸟儿回归农田。

这就是有机农业！

用三叶草、粪肥等天然肥料代替化肥，用绿色防虫技术代替杀虫剂。

为了让事物朝着我们预期的方向发展，我们有一个重要的原则：吃得更健康！

告诉父母尽量购买有机果蔬。小心那些色彩格外鲜艳的水果，有时人们会给水果喷洒化学物质，让它们看起来更诱人。

如果想吃肉类，要了解市场上卖的肉是人工饲养的还是有机生产的，鸡蛋也是如此。在有机农场，动物们更可能被善待。

当心那些色泽诱人的火腿，它含有亚硝酸盐，这是一种不利于健康的物质！

奶农经常给奶牛喂食药物和抗生素，以增加它们的产奶量，有机奶则不含药物和抗生素。

多吃时令水果和蔬菜，尽量不要吃反季节的果蔬，比如草莓，它不是冬天的水果，冬天，草莓只有在温室中使用化肥种植才会生长。

溢满的垃圾桶

今天，人类活动产生的垃圾比以往任何时候都多，而且大部分都不是自然垃圾，有些甚至对自然有害。

什么是自然垃圾？

自然垃圾是由生命物质构成的，例如苹果核。如果把苹果核扔在大自然中，它很快就会腐烂，在 1～5 个月内就能降解并滋养土壤。但大多数垃圾不是这样，它们降解得非常慢，十分有害，并且会在大自然中扩散。

看一看下面这些物品降解需要的时间！

口香糖：5 年

易拉罐：200 年

塑料袋：450 年

一次性饭盒：1000 年

玻璃瓶：4000 年

它们可以用于制造水泥和沥青。有些道路就是用垃圾焚烧后的灰渣为配料铺制而成的！

人们对垃圾进行正确的分类，将其中一些回收利用，制成新的东西，将其余的送进焚化厂进行焚烧。

不是，有些物品是用有害材料制成的，如果焚烧这些废物，会产生有毒烟雾。例如以下物品就不能焚烧。

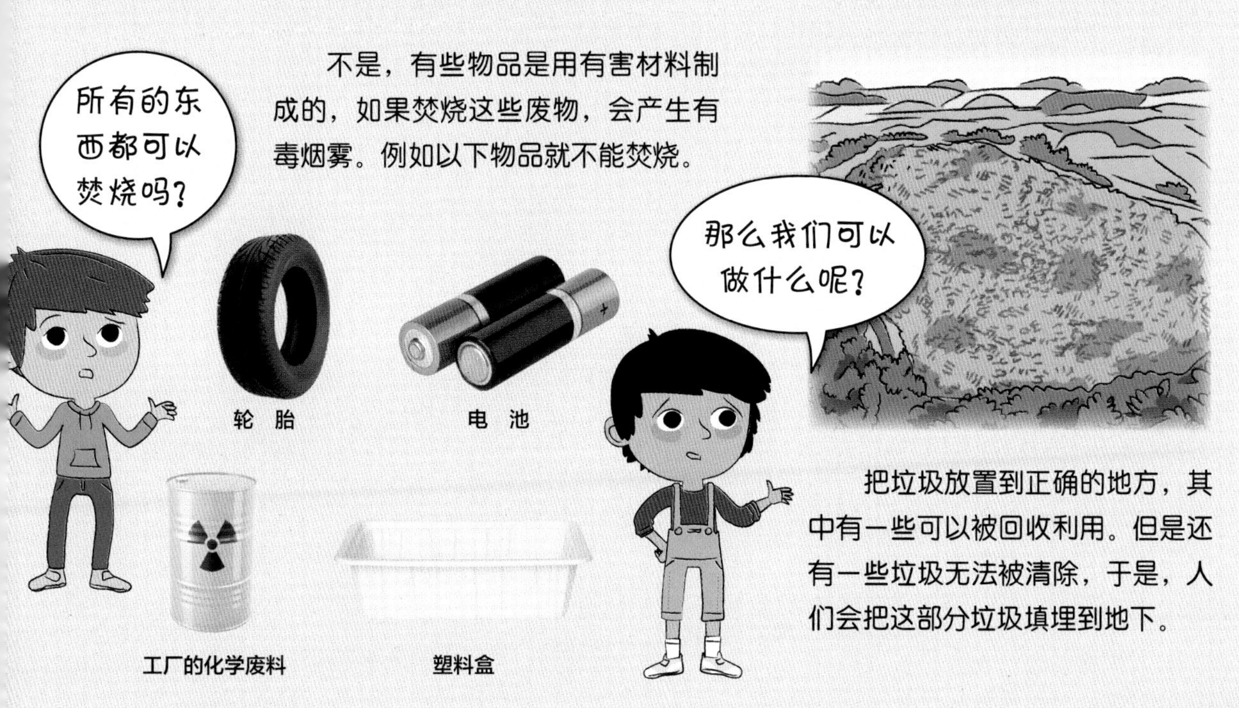

把垃圾放置到正确的地方，其中有一些可以被回收利用。但是还有一些垃圾无法被清除，于是，人们会把这部分垃圾填埋到地下。

因为有些人会到处乱扔垃圾！有时，垃圾会溢出来，质量轻的垃圾会随风飘荡。

在有些发展中国家，情况更糟。由于没有足够的清洁工人和垃圾处理厂，垃圾就堆积在露天垃圾场里。

在许多国家，违法倾倒垃圾是被禁止的，但是，一些不道德的人还是会随意丢弃垃圾。

非常严重！这些垃圾会污染土壤、河流以及周围的植物。鸟儿啄食这些垃圾后，可能会因为无法消化而死亡。

以前并没有塑料，塑料是在爷爷奶奶生活的那个时代才开始出现在生活中的。现在，绝大部分东西都使用塑料包装，而且大多数塑料包装都被人们扔进了垃圾桶。

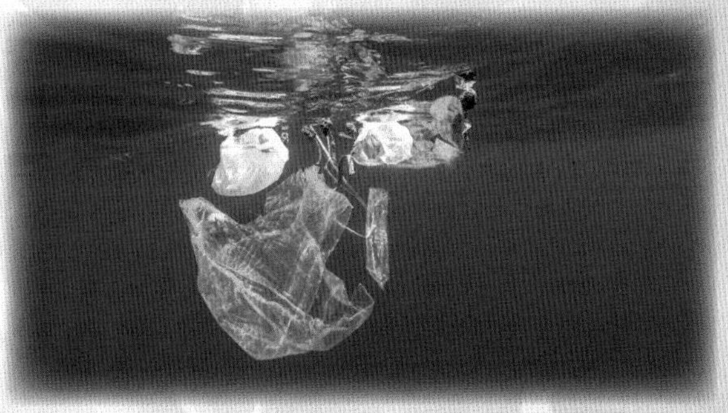

人们没有正确地对塑料进行分类。垃圾处理厂每天都会收到大量肮脏的塑料。有的发达国家甚至会用满载的货轮把它们运到地球另一端的发展中国家。

大部分塑料垃圾会被焚烧，或者被填埋到露天垃圾填埋场。然后，它们沉积到海洋中，最终形成垃圾岛。海洋动物会因吞食它们而窒息，海洋已经成了一个大型垃圾场！

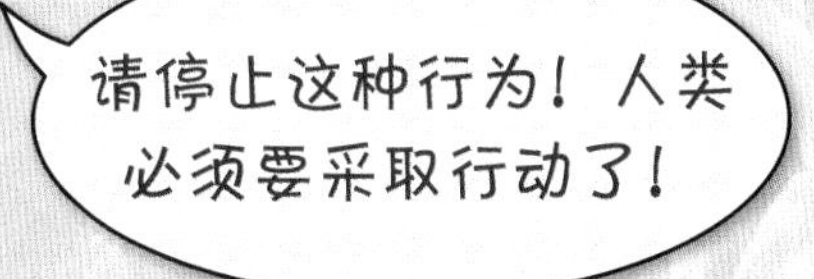

请停止这种行为！人类
必须要采取行动了！

最紧迫的事情是要尽量减少垃圾的产生。为了减少垃圾的产生，我们可以不购买带有大量包装的产品！

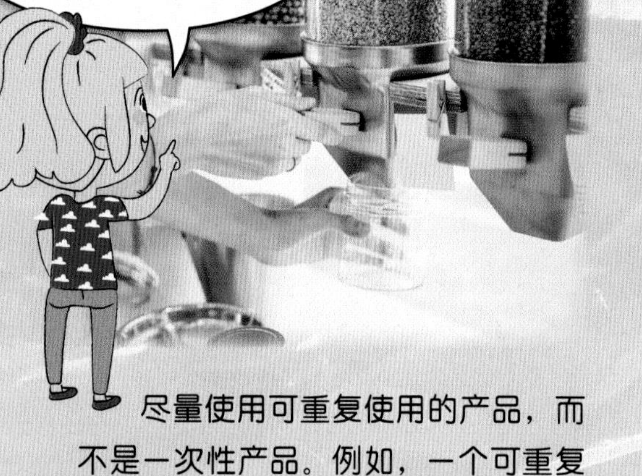

我们可以做些什么来使地球更干净呢？

尽量使用可重复使用的产品，而不是一次性产品。例如，一个可重复使用的水杯要好过瓶装矿泉水。

在肉铺或超市买肉的时候，尽量减少塑料盒和保鲜膜的使用。

对吸管、纸杯和塑料餐具说不。2020 年年底，“限塑令”全面施行，全国范围内的餐饮行业禁止使用一次性塑料吸管和餐具。

我们能否重复使用这些垃圾呢？

可以进行堆肥，堆肥能够促进植物生长并降解垃圾。

可以尝试修理物品而不是直接将其扔掉，或者收集一些物品来制作有用且有趣的工艺品！还可以把我们不用的旧物捐赠给其他有需要的人群。

学习垃圾分类并将它们扔到正确的地方，有助于垃圾的回收利用，减少污染。

电池有毒，必须将它们扔到特殊垃圾桶中。废旧灯泡也要这样处理！

电池是有毒的物品，它含有铅、汞、锌、镉等重金属，一旦被弃入大自然，会对生物的健康产生巨大的危害。因此，废弃的电池需要放入指定垃圾桶，以便回收集中处理和再利用，还有烧坏的灯泡也是如此。过期药品和防晒霜也要放入指定的垃圾箱。玻璃可以无限循环使用，金属、纸板、纸和塑料瓶也可以多次循环使用。

以上均为危险品标识，看到有这些标识的物品，请一定要当心危险，不要碰触！

不要浪费能源

能源是让发动机、散热器、烤箱、路灯等电器运转的动力。我们每天都在消耗大量能源！

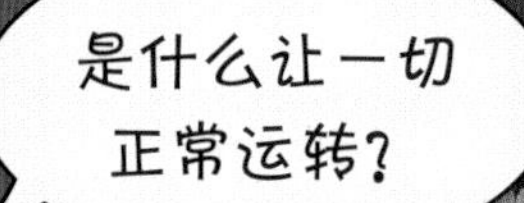

汽车靠石油炼制成的汽油驱动；路灯靠电力运转；冬天，许多房屋里的人靠燃烧燃料油的锅炉取暖，燃料油是一种从石油中提取的燃料。

石油、天然气和煤炭属于化石能源，埋藏在地下。它们是数百万年前死去的动植物的残骸形成的，一旦储存耗尽，就不会再生。

从地下挖掘这些资源，把它们运送到世界各地，转化成燃料并燃烧，这个过程对地球造成了极大的污染。

以前，人类仅用三种不同的方式来发电……

热电厂通过燃烧煤、石油或天然气发电，这些都会造成环境污染。

核电站通过原子核裂变所释放的能量生产电，这个过程中产生的放射性物质如果处理不当，会对人类健康造成严重的危害。

建造水坝除了会改变该流域的水循环之外，还会引起很多生态环境的变化，甚至诱发多种自然灾害。

如今，人们开始越来越多地使用可再生的绿色能源发电。这些能源消耗后可以恢复补充，而且很少对环境产生污染。

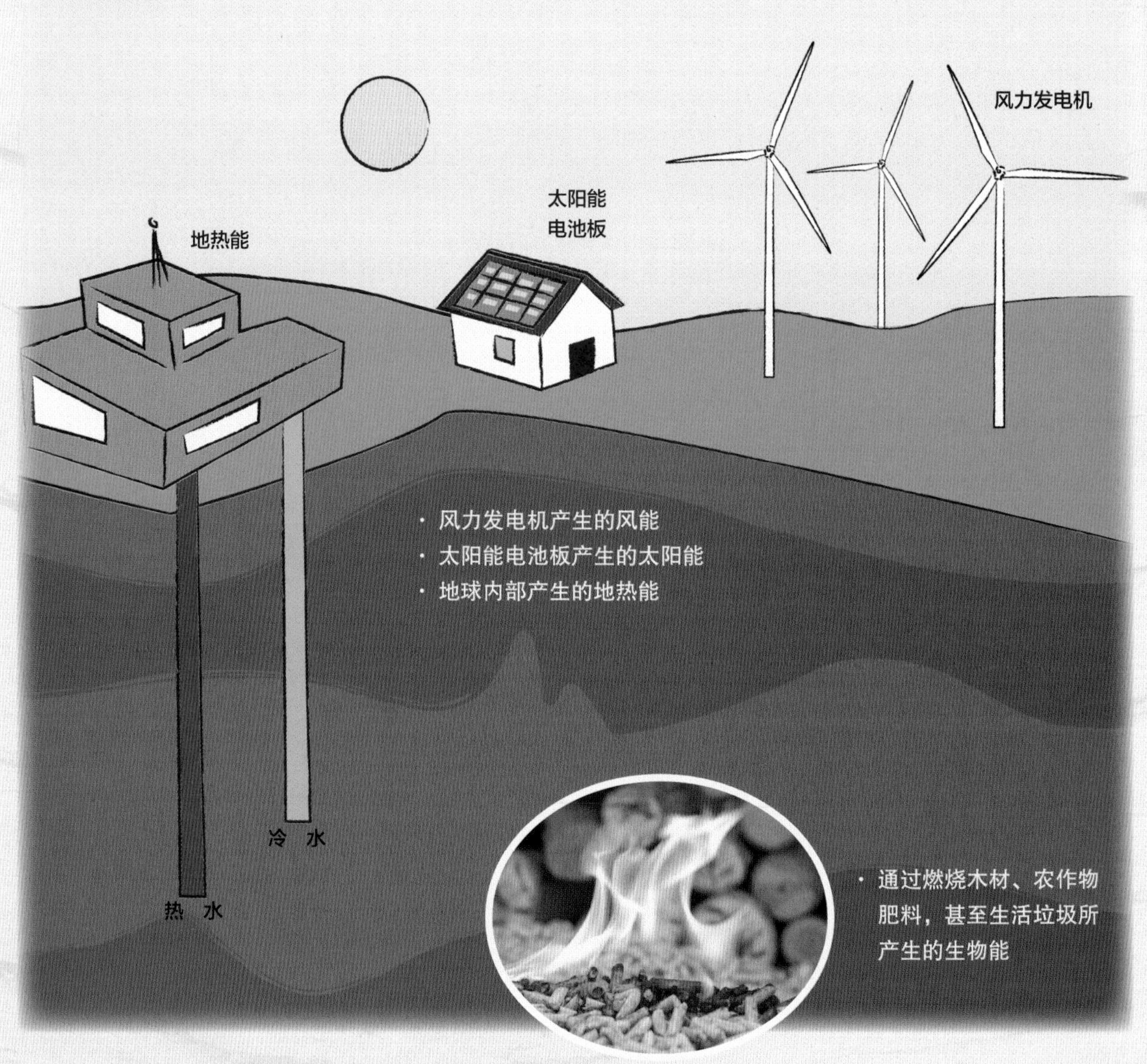

- 风力发电机产生的风能
- 太阳能电池板产生的太阳能
- 地球内部产生的地热能
- 通过燃烧木材、农作物肥料，甚至生活垃圾所产生的生物能

绿色能源会产生环境污染吗？
为什么不尽可能多地使用绿色能源？

很少，但可能会造成一些干扰，例如风力发电机会产生噪声、占用空间，还会干扰鸟类的飞行。因此，并不是随处都可以使用风力发电的。

改变一切需要时间和金钱，目前正在逐步进展中。如今，很多城市都出现了生态社区，社区中的建筑都由更天然的材料建成，并采用更环保的方式供暖。

我能做些什么？

我们能做很多节约能源的小事，例如，你可以……

穿上睡衣、毛衣和袜子，把屋内的暖气温度调低一些。

用完冰箱立即关闭冰箱门，避免冷气跑出来。

不使用电器的时候记得关闭电源，或者让设备处于待机状态。

让父母把你的写字台布置在靠近窗户的地方，这样可以减少台灯的使用。

需要保护的大自然

地球上，每个地方的自然空间都在缩小。道路、房屋、商店不断侵占我们的视线。与此同时，热带森林正在消失。我们是否能够停止这场自然“大屠杀”呢？

这里真漂亮！花朵闻起来好香！
多么平静啊！
大自然有什么作用？

除了可以制造氧气、为动物提供栖息地外，植物还能使气候更加温和，它们的根能固定土壤，叶子可以滋养大地、阻挡风雨。

那么真正的问题是什么？

人们在破坏森林吗？

人们也在关注森林，但现存的野生森林很少。在许多地方，人们只种植一种树，用它们的木材来造纸。

我们的城市规模在不断扩大，草地和树林被巨大的商业区所取代。到处都在修建公路，草地被连根铲除，树林被夷为平地，铺设成沥青马路。

植被越贫瘠，空气就会越干燥，火势也更容易蔓延。

在山区，人们把树木砍伐掉，建成滑雪场，这样就没办法阻挡雪崩了。

强降雨时，水会流向沥青马路或干涸的土地。灌木丛阻挡不了汹涌的河流，这样会引发更大的洪灾！

在海边的城市，人们用混凝土覆盖海滩，使它失去了抵御风暴和洪水的天然屏障。

在 1990 年到 2020 年间，全球森林面积持续缩小，共失去了 178 万平方千米的森林。森林砍伐不仅影响了当地的生态系统，还影响了全球的气候变化。

森林火灾频发，火灾产生的烟雾会污染环境；另外，人们还用机器破坏大片的森林。

森林中有无数独特的动植物物种，是地球上的生物基因宝库。而且，森林是地球之肺，是地球上氧气的主要来源。

亚马孙雨林作为世界上最大的热带雨林，受到森林砍伐和森林火灾的严重威胁。

人们砍伐部分丛林，以获取木材，并在这些空地上耕种庄稼，以填饱肚子。

大部分丛林被大型砍伐公司破坏，用来：

种植棕榈树：棕榈树的果实可以制造棕榈油，棕榈油可以用来制作燃料以及多种日常用品。

建立大型农场：将牛肉制成牛排，在快餐店和超市出售。

寻找黄金或珍稀矿产：为了找到它们，人类会使用汞进行探测，汞会杀死植物，让河流“生病”。

我能为保护大自然做些什么呢?

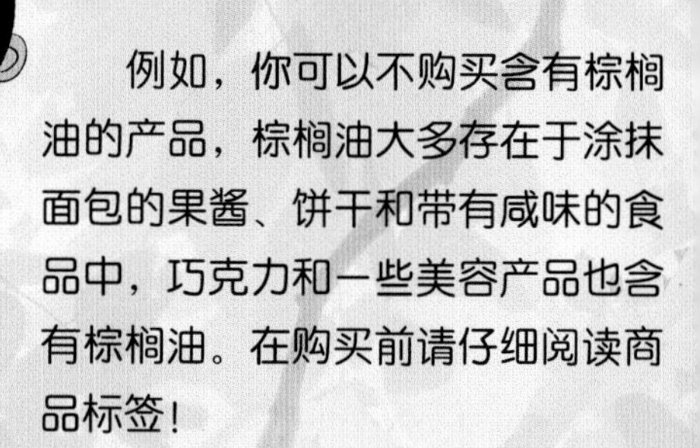

例如，你可以不购买含有棕榈油的产品，棕榈油大多存在于涂抹面包的果酱、饼干和带有咸味的食品中，巧克力和一些美容产品也含有棕榈油。在购买前请仔细阅读商品标签!

除此以外呢?

少吃或不吃快餐!

野餐后将垃圾清理干净。

在林间行走时，请尊重自然，切勿践踏脆弱的植物。

散步时不要采摘鲜花，它们很娇嫩，需要你的保护。

动物呢？

人类破坏自然时，动物是最直接的受害者。现在，许多动物物种都受到了威胁。科学家们已经为我们敲响警钟，保护动物，刻不容缓！

很多动物已经消失了，例如，1681年，印度洋毛里求斯岛上的渡渡鸟就已经灭绝了。今天，大量物种都面临灭绝的危险。我们必须立刻采取行动！

动物为什么会消失？

一般来说，是因为人类破坏了它们的栖息地，也就是它们生活的地方。下面3种动物正处于易危、濒危状态，更不幸的是，还有更多动物处于濒临灭绝的危险中。

熊　猫

相比过去，大熊猫现在得到了更好的保护，但仍然面临不少威胁。由于全球气候变暖等原因，大熊猫赖以生存的竹林变少了。

红毛猩猩

红毛猩猩住在印度尼西亚的森林里，那里大片的森林被毁，用来种植橡胶树。橡胶树可以产生橡胶，用于制造汽车轮胎等商品。

美洲豹

如果人类继续烧毁丛林、猎杀动物，很快，美洲豹这种美丽的猫科动物就会面临和亚洲虎一样的处境——在野外几乎见不到了。

在非洲，偷猎者猎杀犀牛是为了获取犀牛角，猎杀大象是为了拔下象牙，然后再以高价出售，牟取暴利。

他们将猎物的幼崽从母亲身边抢走，然后贩卖它们。许多大小各异的动物（如鱼、鸟类等）都是这样被非法捕捉并出售的。这是世界上第三大非法交易。

现在，人们的捕鱼量特别大。此外，其他动物常常因被巨网捕捞而受伤。油轮也会发生漏油事故，导致鸟类、海龟、海豚等动物大量死亡。

船只发出的噪声会使鲸类迷失方向，在海滩上搁浅。

城市里的现状如何？

我们的道路瓜分了野生动物们的领地。野生动物们每次穿越马路时，都面临着生命危险。城市的噪声也会困扰它们。

例如，鸟儿听不到彼此的声音，很难吸引配偶！

我们饲养的宠物也在无情地追捕它们！

有哪些保护动物的行为吗？

当然！动物保护协会的存在以及保护区的建立是为了给它们提供一个安静的栖息地。比如，自2018年以来，蜜蜂在法国就得到了更好的保护。

我可以做哪些力所能及的事情？

你可以在花园里放一块木头，小动物会来这里冬眠！或者你可以随意留一块空地，让植物在那里肆意生长。

你还可以加入濒危动物保护协会！

地球太热了！

从 150 年前起，地球上的温度开始升高，并且升高的速度越来越快。气温持续升高不仅影响了气候，也扰乱了很多地区居民的生活。从现在开始采取行动吧！

是的。在我们生活的温带地区，全球变暖导致某些季节的雨水越来越多，甚至引发洪灾！

人类活动向空气中排放了大量的二氧化碳等温室气体，它们在地球上空形成了一个罩子，加热了空气，导致全球气候变暖。

发动机和锅炉等产生的二氧化碳是罪魁祸首！

沼气是人畜粪便、秸秆、污水等各种有机物在密闭的沼气池内，经过发酵而形成的一种混合气体。奶牛排泄的粪便就可以制成沼气。

农田里的化肥释放的一氧化二氮也是温室气体。

不是，这种情况在恐龙时代就已经发生过，当时到处都是热带气候，甚至在南极也是如此！但那时候，大自然有时间慢慢适应。现在，一切都发生得太快了！

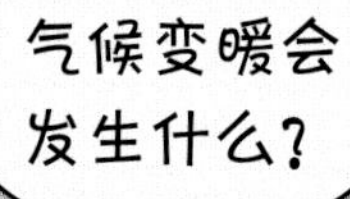

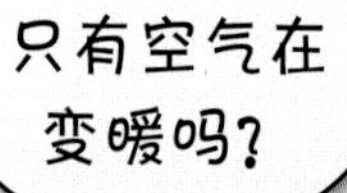

由于气候变暖，两极的浮冰和山脉的冰川正在慢慢融化，极地动物正在失去家园！

冰融化成水，海平面上升。许多小岛面临着消失的危险。

不是，海洋中的水也在变暖。有些动物不适应温暖的海水，如珊瑚，会出现白化现象。一些小鱼也失去了家园！

当海水过于温暖时，海面会产生气旋！地球上的一些地方就会出现龙卷风或暴雨。

而另一些地区，一点雨水都没有，于是渐渐形成了沙漠。

怎么做才能给地球降温？

全球气候变暖的问题已经日益严重，缓解气候变暖是迫在眉睫的事情。除了国家，我们每个人也都可以贡献一份力量，改变自己的生活方式。

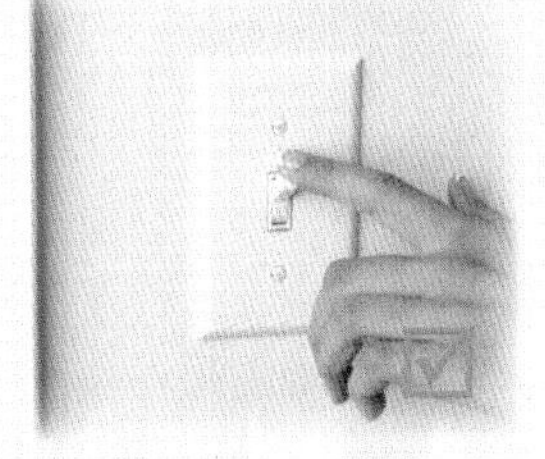

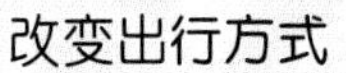

改变出行方式　　减少能源消耗　　绿色种植　　改变消费习惯

因为万物互联，这就是生态！

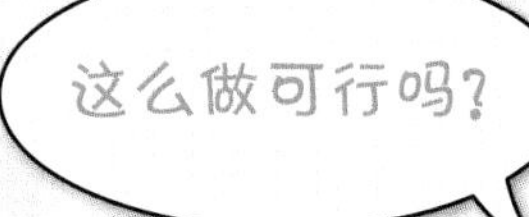

我们的每一个行为都会对地球产生影响。大约 40 年前，由于人类使用了破坏臭氧层的产品，导致臭氧层中出现了一个巨大的空洞。之后，这类产品就被禁止使用了。所以，我们是可以改变现状的。

那我们人类呢？

像动植物一样，我们也是自然的一部分。我们是地球的居民。如果地球的环境不好，人类也会遭殃。生态变化，关乎全人类的利益。

一个贫民窟。这里没有自来水，没有电，没有清洁工来捡拾垃圾，房子是由废旧金属、塑料和纸板制成的。现在，在大城市周围，这种临时住所变得越来越普遍。

为什么有些人会失去家园？

他们因为找不到足够的食物，不得不背井离乡，去其他地方寻求生活来源。这些人被称为“难民”。

这些孩子会怎么样？

在许多国家，为了养家糊口，一些孩子甚至要在危害健康的环境下工作，还有些孩子根本无法上学！

如何能帮助他们？

好好保护地球，让每个人都能过得更好。

多多支持公益组织，他们可以帮助世界各地有需要的人。

不要购买那些破坏自然生态的公司所生产出来的商品。

让我们一起保护地球，让地球成为所有生命的家园！

图片来源

封面 : © Shutterstock

内页 : © Shutterstock sauf P.3 (lémurien) : © Robin Hoskyns/Biosphoto ;
P.33 (orang-outan et jaguar) : © Sylvain Cordier/Biosphoto

封底 : © Shutterstock

图书在版编目（CIP）数据

我们的家园 / (法) 埃马纽埃尔·勒珀蒂著；(法) 艾丽斯·蒂尔夸绘；王丁丁译. — 广州：岭南美术出版社，2023.2

（探秘万物儿童百科·走近科学）

ISBN 978-7-5362-7559-1

Ⅰ.①我… Ⅱ.①埃… ②艾… ③王… Ⅲ.①科学知识—儿童读物 Ⅳ.①Z228.1

中国版本图书馆CIP数据核字(2022)第162936号

著作权合同登记号：图字19-2022-111

出 版 人：刘子如
责任编辑：李国正　周章胜
助理编辑：沈　超
责任技编：许伟群
选题策划：王　铭
装帧设计：叶乾乾
美术编辑：魏孜子

探秘万物儿童百科·走近科学
TANMI WANWU ERTONG BAIKE · ZOUJIN KEXUE
我们的家园
WOMEN DE JIAYUAN

出版、总发行：岭南美术出版社　（网址：www.lnysw.net）
（广州市天河区海安路19号14楼　邮编：510627）
经　　销：全国新华书店
印　　刷：深圳市福圣印刷有限公司
版　　次：2023年2月第1版
印　　次：2023年2月第1次印刷
开　　本：889 mm×1194 mm　1/24
印　　张：22
字　　数：330千字
印　　数：1—5000册
ISBN 978-7-5362-7559-1

定　　价：218.00元（全12册）

策划 / 海豚传媒股份有限公司
网址 / www.dolphinmedia.cn　　邮箱 / dolphinmedia@vip.163.com
阅读咨询热线 / 027-87391723　　销售热线 / 027-87396822
海豚传媒常年法律顾问 / 上海市锦天城（武汉）律师事务所
张超　林思贵　18607186981

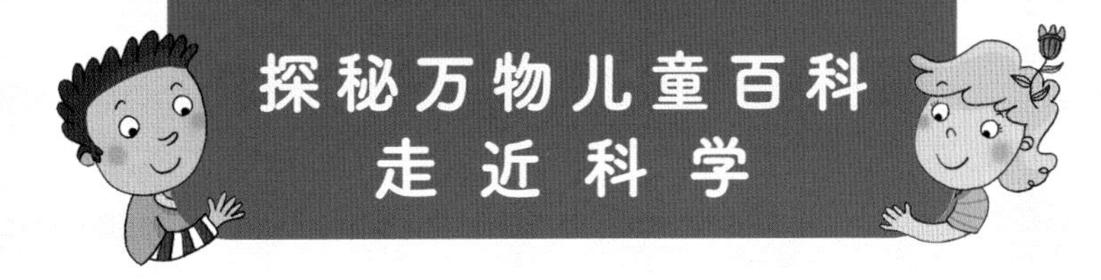

揭秘地球

[法] 埃马纽埃尔·勒珀蒂／著　[意] 贝妮代塔·吉奥弗雷、恩里卡·鲁西娜／绘
王丁丁／译

SPM 南方传媒 | 岭南美术出版社
中国·广州

我们的星球

当你在地球表面漫步的时候，你可能会觉得地球是一个平面。但是从太空中看，你就会发现地球是球形的，就像一个大气球。地球不是固定不动的，它会自己旋转，同时也在绕着太阳转。

从太空中看地球时，由于离得太远，我们无法看清地球上的房屋。但是通过地球上绿色、褐色和蓝色的部分，我们能够分辨出茂盛的森林、绵延的大陆和广阔的海洋。

地球周围包裹着一层厚厚的富氧空气，人们称之为大气层。正是因为有了它，人类才能在地球上栖息生存。

地球真的是球形的吗？

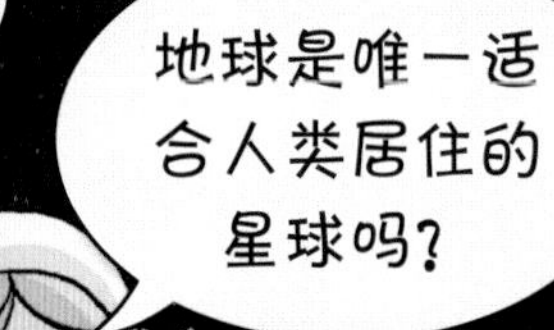

天气晴朗时，在高空中，透过飞机的舷窗，我们有可能观察到略微弯曲的地平线。

地球与其他七颗行星一起绕着太阳公转。太阳是一颗巨大的恒星，它的光线既可以照亮地球，又能给地球带来温暖。地球是太阳系的一部分，也是已知的唯一有生命存在的星球。

因为地球是球形的，所以太阳只能照亮地球的一半。地球上被照亮的一面是白天，另一面则是夜晚。由于地球能像陀螺一样自己旋转，因此白天过后夜晚就会到来，这就是昼夜更替。

除了太阳以外，还有很多遥远的恒星也会发光，可不要把它们和天上的飞机与卫星混淆了！月球绕着地球转，是地球的卫星，它也被太阳照亮。

大洋和大陆

为了更全面地看到地球，我们将它摊成一个平面。地球拥有五大洋和七大洲，不同的地域生活着截然不同的动植物。

北美洲

大西洋

太平洋

赤道

南美洲

寒带

温带

热带

地球的两端是极地，那里常年冰天雪地。相反，赤道沿线非常热。赤道是人们假想的一条环绕在地球中间的线。位于赤道和极地中间的是温带，那里气候温和，既不太冷也不太热。

世界各地的天气都一样吗？

南极

北极
北冰洋
世界上最大的大洋是什么？
亚洲
欧洲
太平洋是世界上面积最大的洋，它覆盖了地球将近一半的区域，连接亚洲和美洲，还囊括了大洋洲各大岛屿。
印度洋
非洲
大洋洲
只有一些科学家驻在南极洲，他们在那里进行科学考察。南极洲的动物和植物非常稀少。
大洋洲由澳大利亚大陆及许多岛屿组成。
南极洲有人居住吗？
南大洋
南极洲

地球上的高峰

地球表面可不是一马平川的，每一块大陆上都耸立着山峰，有的连绵起伏，有的陡峭入云。

勃朗峰海拔4810米，是欧洲西部的最高峰。阿尔卑斯山脉汇集了诸多山峰，勃朗峰是其中一座。

气温会随着海拔升高而降低。

地壳挤压，岩层向上隆起，形成了山脉。

我快喘不过气了……

越爬越高。

山上有很多坡道，冬天可以用作滑雪的雪道，夏天可以供人们远足和骑行。

珠穆朗玛峰位于亚洲的喜马拉雅山脉，是世界第一高峰。珠穆朗玛峰海拔8848.86米，这大约是飞机飞行的高度。登上珠穆朗玛峰的顶峰是一项非常艰难的挑战……

随着海拔的升高，氧气变得稀薄，呼吸也更加困难。有时人们需要佩戴氧气面罩。

年轻的山峰

古老的山峰

年轻的山峰，山顶更尖。随着时间的推移，山顶会变得更加圆润，更加紧实。

不可以随意摘花哟。

蓝莓真好吃，但是会弄脏衣服！

不可思议的世界奇观

地球上的许多地貌奇观都是侵蚀作用的结果。数百万年来，在风、雨、霜、河流、冰川的作用下，地球慢慢形成了这些神奇的地貌。

这座拱桥是谁建造的？

美国，彩虹桥

很久以前，在河流长期的冲刷和磨蚀下，这里形成了一座壮观的天然拱桥。这座桥长85米，高90米，是世界上较大的天然桥之一。

这些尖塔都是石头吗？

澳大利亚，尖峰石阵沙漠

沙漠中矗立着形态各异的石柱，这是大自然历经千年造就的奇妙景观。

美国，科罗拉多大峡谷

经过数百万年的冲蚀，科罗拉多河不仅在岩石上雕刻出了险峻陡峭的科罗拉多大峡谷，还切割出了鬼斧神工的曲流——马蹄湾。

甘肃张掖丹霞国家地质公园的丹霞地貌宛如色彩斑斓的千层蛋糕。夕阳西下，美如仙境！

这座宏伟壮丽的景观被沙漠包围，看起来像波浪一样。

这些石柱已经被风、雨和霜侵蚀了数千年。石柱顶部的岩石更是经受了风吹雨打，看上去就像石柱头顶的帽子。

火山喷发

这些喷火的山峰与地球中心相连。事实上，地球内部的温度特别高，高到岩石熔化成炽热、柔软的糊状，这就是岩浆。

你了解我的职业吗？

火山学家是观察和研究火山并试图预测火山喷发的科学家，这是一种危险而又刺激的职业。

这里为什么在冒烟？

岩石上的这些小孔是火山喷气孔，会喷出蒸汽和各种气体。

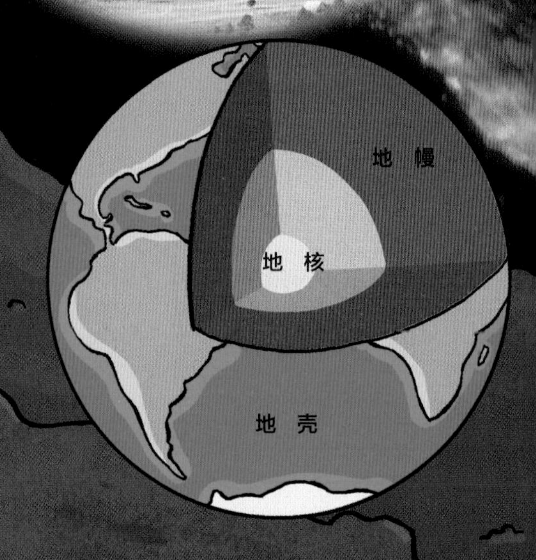

我们脚下那层薄薄的岩石外壳下其实是一个炽热的大火球。地幔中的熔岩温度很高，地壳的板块在熔岩上方漂浮、移动。再往下就是超级炙热的地核。

火山口
火山通道
岩浆房
熔岩是如何从火山中喷发出来的？
冒了好多烟啊！

岩石在灼热的地幔处被熔化，形成熔融状的岩浆。在一些火山深处，有一个巨大的岩浆房，从地球内部涌出的岩浆就汇集在这里。当岩浆房被装满后，岩浆会通过一条长长的通道上升到地面，形成火山喷发。

岩浆到达火山通道的顶部，通过火山口喷发出来。这个力量足以使大地颤抖，这就是火山喷发。从火山中“跑”出来的岩浆叫作熔岩。

有时，熔岩会沿着火山边缘奔流而下，形成滚烫的熔岩流；有时，熔岩还会像烟花一样爆炸。

有时，火山会喷发出大量的火山灰，使天空变得灰暗。炽热的火山灰云团像雪崩一样从火山坡上快速滚下，它的毁灭性极强，能覆盖一切。

为什么火山有的是尖顶的，有的是圆顶的？

有的火山特别活跃，有的火山却像是睡着了：它们已经很长时间没有喷发过了，但是在未来某一天可能会醒来。

有的火山不再喷发岩浆，熔岩在涌出的过程中，不断积累，使得火山变高。在风雨的侵蚀和风化下，不再喷发的火山顶部变得圆润，慢慢地，它们会一点点地消失。

这是火山的杰作吗？

在土耳其的卡帕多西亚地区，人们曾经在岩石的洞穴里建造房屋。这些岩石由很久之前的火山喷出的灰烬、熔岩和泥浆所形成。

这一壮丽的景观位于非洲一座火山的顶部，但它也特别危险，因为火山口会释放一些有毒气体。

很久以前，一座古老的火山喷发了，熔岩蔓延到海岸时突然遇到海浪，冷却后便形成了棱柱状的阶梯。

这座教堂建在一座古老火山的顶部，而这座火山早已成为死火山了。

有时，死火山的火山口深处会形成湖泊，湖水清澈透底。

生活在火山边上，
他们不害怕吗？
他们为什么在
泥浆里洗澡？

世界各地都有人们生活在火山脚下，因为火山灰和熔岩会形成肥沃的土壤，能很好地滋养这片土地，让植物快速生长！例如，在亚洲，许多稻田都围绕在火山周围。

火山温泉或泥浆对身体十分有益，甚至可以帮助人们治疗某些疾病。

当大地在颤抖

在地球上有些地方，比如日本，大地会时不时震动，这种现象就叫作地震。地震是由巨大的板块碰撞或错位引起的。

在日本，连小学生都知道发生地震时应该如何应对，他们的储物柜里甚至都备有一顶防灾安全帽。

当不幸发生地震灾害时，消防员会在废墟中搜寻幸存者。地震科学家研究地震，目前他们还不能确切地预测地震发生的时间，但是他们能预测地震可能发生的地点。

孩子们，快躲到桌子下面！

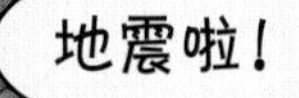

地震常常造成巨大的破坏。在一些国家，人们选用弹性好的特殊材料建造房屋和公路，这些材料在遭遇地震时能小幅度地变形，不易断裂，可惜并不是所有地方都会使用这些材料。

在一些地方，两侧的土壤以每年几厘米的速度远离彼此。

地震如果发生在海底，则可能引发海啸。当海啸发生时，海水会剧烈起伏，瞬间增高数米，形成一连串强大的波浪，冲向沿海地带。

巨大的海浪奔向岸边，以不可思议的力量将船只、汽车、房屋通通卷走。当海水退去的时候，岸边只剩下一片狼藉。

瀑　布

水从山泉中涌出后要经过漫长的旅程。水从山坡上冲下，形成湍急的溪流和瀑布。在山谷底部，水流汇聚到一起，流向平原，变成宽阔的河流，最终奔入大海。

位于南美洲委内瑞拉的安赫尔瀑布落差979米，是世界上落差最大的瀑布。

一些瀑布流入急流险滩，人们可以乘坐小舟在其中漂流。

洪流通常由泉水构成——纯净的泉水从石缝中、地底下汇集起来，顺着斜坡，从山上飞泻而下。下雨时，洪流会变得更加湍急。

夏天，高山上的冰川融化，也会产生洪流。

进入地势平缓的山谷后，洪流就会变成河流。河流是更平静、更宽阔的水流。一条河流可能会汇入另一条河流或者流进湖泊。

水流有时会积聚在它们流经的低凹地带，形成湖泊或者小小的池塘。

河口：流入大海。
三角洲
法国，罗讷河三角洲，
火烈鸟的天堂
河流为什么弯弯曲曲的？

河流最终会流入大海——河水流经河口，与大海中咸咸的海水混合在一起。河水中带着大量碎石和泥沙，有的河流在汇入大海前，会把携带的泥沙留在河边，堆积成一个扇形的三角洲，三角洲是多种动植物的家园。

当奔腾的河水遇到坚硬的岩石时，河水为了绕开岩石会弯曲前进，形成曲流。

瀑布是什么？

当河水或溪水被一些大大小小的陡坡阻断时，就会形成瀑布。南美洲的伊瓜苏瀑布是世界上较美丽的瀑布之一。

阶梯瀑布就是沿着阶梯状的岩层飞泻的水流。

那些像胡萝卜一样的石头是什么？
地下有水吗？

石灰石是一种像盐和糖一样可以溶于水的岩石。雨水混合空气中的二氧化碳后产生的酸性液体足以使石灰石溶解。当水渗入地下，从石灰石洞穴顶部滴落时，溶解在水中的沉积物会逐渐堆积，形成钟乳石和石笋。钟乳石就像字母T形状的尖锥，悬挂在洞穴顶部；石笋则像字母M的形状，是从地面向上堆积形成的。有时，钟乳石和石笋会连接在一起，形成石柱。

雨水不停地从天而降，渗入地下，一点一点地侵蚀岩石，在一些地方还会形成巨大的洞穴和地下河。

蔚蓝行星

地球被称为“蓝色星球”，因为从太空中看，覆盖在地球表面的海洋赋予了它美丽的颜色。海洋是一片巨大的咸水区域，覆盖了地球表面近四分之三的面积。

珊瑚的外部骨骼聚合在一起，形成珊瑚礁，许多五颜六色的鱼儿生活在珊瑚礁中。

珊瑚看起来像植物，但其实它是由许多叫作珊瑚虫的小动物聚合生长形成的。

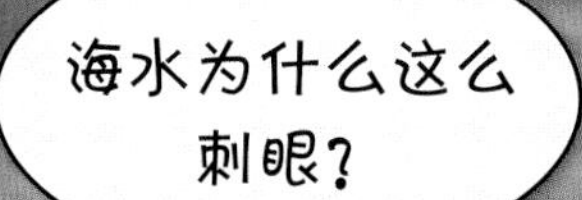

海水为什么这么刺眼？

大海反射着天空的颜色。晴朗时，大海是蔚蓝色的，阴云密布时，大海就变成了灰色。海水越浅，将天色反射得越清晰。海是洋的一部分，但面积比洋小得多，有些海几乎被陆地包围。

海水是咸的，因为看不见的盐溶解在海水中。人们利用盐沼池从海水中提取食盐。

海底是什么样的？

海底的地貌地形和陆地上一样丰富多样：有沙地，有岩石，有高山，也有平原。

有时，海底火山会在海水中喷发，熔岩和火山灰冲出水面，堆积成火山岛。海底还有一些狭长的凹地，称为海沟，有的海沟深达数千米。

在风的吹拂下，海面泛起了波浪。海浪波动起伏，倾斜翻卷，撞向海岸。风刮得越大、时间越久，海浪就越高，这里是冲浪者们的天堂。

洋流就像海洋中的河流，一些海洋动物，例如海龟，会“搭乘”着洋流漂流。

海浪拍击岩石，将岩石碾碎成沙。沙子的颜色取决于原来岩石的成分：有的沙子是黄色的；但如果是由珊瑚碎片形成的沙子，则可能是白色或粉红色的；火山岛上的沙子大多是深色的。

海浪和雨水侵蚀着悬崖，将它们雕刻成拱桥或岩洞，将碎石打磨成圆滑的鹅卵石。

在一些岩石海岸，海浪雕刻出海湾或岬角。由于这里的岩石非常坚硬，海岸边没有形成沙滩，但这里的海水清澈见底，景色宜人。

海水还会侵入曾经被冰川占据的山谷，形成壮丽的峡湾，那里的水很深，也很冷！

海水一天中会有两次涨落，这种现象叫作潮汐。退潮时，水位会变得很低；涨潮时，海面涨得很高。地球上所有的海洋都可以观察到潮汐现象。

退潮时，大海可以退到离海岸线很远的地方；几个小时以后，潮水又以万马奔腾之势袭来。

即使在海水特别清澈的地方，光线也只能穿透表层的几十米，这里是海洋生物最丰富的地方。到达一定深度后，太阳光就无法到达了，海洋深处黑暗寒冷，植物无法进行光合作用，因此无法生存。然而，深海里并不是一无所有，而是生活着许多奇特的生物。

从海平面以下200米开始，植物就无法在这里生存了。许多鱼长着巨大的下巴，它们大多通过发光来吸引猎物靠近。

海底有一种特殊的能量来源，那就是海底热泉。海水被地热烧滚，像烟囱一样吐出“热气”。海底热泉周围生活着许多生物，包括管状蠕虫、巨型贻贝、虾和蟹等。

岛 屿

岛屿是一块完全被大海或大洋包围的陆地，人们需要乘船或飞机才能抵达。一些岛屿上有人居住，但是大多数岛屿荒无人烟。有时，你会在岛屿上发现一些令人惊奇的动物。

岛屿是什么？

加拉帕戈斯群岛

在热带海洋中有一些环形的岛屿，人们称之为环礁。环礁内是一潭封闭、平静的海水，被周围的珊瑚礁与茫茫的大海分隔开来，许多色彩斑斓的小鱼生活在这里。

在位于太平洋东部海域的加拉帕戈斯群岛上，生活着海鬣蜥（liè xī）、巨型海龟和一些仅在这里栖息的鸟类。

天空的变幻

我们的头顶上空是一幅持续变幻的景象。在不同的时间与不同的天气情况下，天空一直在变化。天空可能是蓝色、灰色或粉红色的，云朵随风飘动。天气时而乌云密布，时而晴空万里。

当阳光穿透雨幕，看似透明的光线被小水滴反射出来，分散成7种颜色，天空中便出现了美丽的彩虹。

水都去哪儿了？

海洋表面的一部分水在阳光的照射下变成水蒸气，在空气中上升并形成云。云中的水又以雨、雪或冰雹的形态降落到地面。

热带地区很少降雨，雨水集中在一年一度的雨季。雨季的降水量很大，没有它庄稼就无法生长。

所有的云都是白色的吗？

每一朵云都是独一无二的。云朵的形状各异，或薄或厚，可大可小，也可以是各种颜色的。巨大的乌云往往预示着暴风雨即将来临！

雾是潮湿的空气遇冷形成的，就像是弥漫在空中的巨大云团。想快速制造一朵云吗？在冬天寒冷的室外哈一口气吧！

雪是什么？
雪花真美，像星星一样！

温度很低的时候，空气中的水蒸气变成了小冰晶，粘连成雪花。雪花静悄悄地飘落，给世界穿上一件美丽的白色大衣。

雪花由冰晶组成，冰晶总是以不同的方式聚合在一起！每朵雪花都是独一无二的！

暴风雨是怎样形成的？

当热空气在高空中遇到冷空气时，就会形成云和强大的气流。冷热气流强烈对冲，便形成了暴风雨：闪电划过天际，雷声隆隆，大雨倾盆而下。

发生暴风雨时，有时雨滴会突然被冻住，形成冰雹。有些冰雹非常大。

当较轻的热空气在高空中遇到较重的冷空气时，会产生空气的快速交换，这样就形成了风。

有时空气的对流非常强烈，当风速超过每小时90千米时，就会形成风暴。狂风伴随着暴雨，在海上掀起巨浪，冲垮海岸，将大树连根拔起，吹倒电线杆，使河水泛滥。

台风或飓风都属于热带气旋。在炙热的阳光下，大量的水蒸气会迅速在海面上形成巨大的雷雨云。狂风扭曲着云团，向陆地移动，摧毁途经的一切。

龙卷风是一种非常猛烈的旋风，它看起来像一个大漏斗，一边移动，一边把它触及的任何东西都吸入旋涡中心。

绿色星球

地球并不是光秃秃的，而是覆盖着各种植物，如树木、灌木、草地、谷物、花朵、苔藓等。这些植物对于地球上的生命至关重要，没有它们，人类和动物都无法存活。

为什么树的根能长到这么大？
花儿好香啊！

根将植物固定在地上，同时向植物输送生长所需的水和营养物质。

植物为什么是
绿色的？

为什么没有植物就
没有生命？

植物的叶子中含有一种绿色色素——叶绿素，它能帮助植物生长。

多亏了植物把二氧化碳转化成对生命至关重要的氧气，我们才能呼吸。除此之外，许多动物，包括我们人类都靠植物获取食物。所以说，没有植物就没有生命。

为什么会有如此多
种多样的树木？

温带森林里的树木害怕寒冷，它们的树叶会在冬天掉落。而在寒冷的地区，树木的叶子进化成针形，一年四季都保持绿色，不会掉落。

猴面包树适应了热带草原气候，能将雨水储存在像海绵一样疏松的树干中，以便度过旱季。棕榈树十分耐旱，它甚至可以长在沙滩上。

在高山上，不畏风霜的花朵贴近地面生长，例如高山火绒草，也叫雪绒花。

灌木丛中生长着不惧霜冻而不耐日晒的小花，例如：水仙、紫罗兰、铃兰、雪花莲等。有些花是白色的，有些花是浅色的，因为它们大都生长在浓密的树荫下。

永不凋谢的蜡菊生长在沙丘上，它的茎上带刺，可以抵御寒风。

美丽的兰花喜欢阴凉的环境，它们通常长在潮湿的树林里。

睡莲是水生植物，它们植根于池塘的淤泥中。

阳光下的草地上盛开着鲜艳的虞美人、毛茛（gèn）、矢车菊……秋天过后，花儿们进入冬眠状态，并在第二年春天再次盛开。

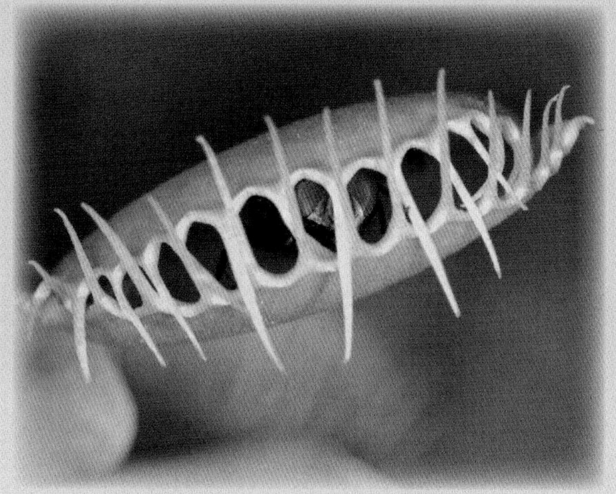

捕蝇草是一种食虫植物，叶片边缘长着睫毛状的细刺。它用蜜汁引诱昆虫靠近，一旦有昆虫靠近，它就会合起叶片将昆虫困住。

苔藓和地衣紧贴着岩石或土壤生长，靠假根固定在地面上。

蘑菇喜爱潮湿的环境，它们在雨后生长。小心，有些蘑菇有毒！

藻类是所有陆生植物的祖先，它们生长在水中，靠假根紧紧附着在岩石表面。

生态环境

根据气候条件的不同，地球上形成了各种各样的生态环境。不同的环境有着不同的景观，并栖息着特定的植物和动物。美丽的地球具有丰富的差异性。

南极和北极分别位于地球的两端，一年中的绝大部分时间都极其寒冷。

帝企鹅是生活在南极洲的少数物种之一。南极洲位于南极，是地球上最冷的大陆。

极地动物大多丰满肥硕，长着厚实的防水皮毛，即使在冰冷的水中也能抵御寒冷。为了更好地隐藏自己，有的极地动物的皮毛看起来像雪一样洁白，例如这只生活在北极的北极熊。

沙漠里很少下雨，地面上覆盖着沙石，只有少数的植物和动物生活在那里。沙漠的昼夜温差很大，白天很热，夜晚却很冷。

温带地区气候温和，有春、夏、秋、冬四个季节，这里既不会太冷，也不会太热。

热带草原只有两个季节：漫长的旱季和短暂的雨季，这里是陆地上大多数大型动物的家园。

在热带雨林中，终年温暖潮湿的气候使得植物蓬勃生长。这里大树参天，藤萝缠绕，花草繁茂，物种丰富。

丰饶的地球

地球是一个丰饶的星球。地球用丰富的物产资源喂养我们、温暖我们、安置我们，并带我们去往远方。

为什么海洋也是
一种资源？
这是一艘拖网渔船！
它正在捕鱼。

海洋里有着丰富的资源。人们捕捞鱼类和贝类等，这些食物不仅非常美味，而且营养丰富。

谷物包括水稻、小麦、大麦、玉米、高粱等，是世界上最主要的粮食作物。

为了获得肉和奶，人类驯化并饲养了一些动物，比如牛、羊、猪等。它们还可以为人类提供皮革或绒毛。

森林中的木材可用于生火取暖、建造房屋、制作家具，还能造纸！

一些药用植物还能帮助人们治疗疾病。

人们修建了大坝，利用江河水的动能发电。

人类还掌握了利用地热能的方法，这种能量大多来自地球内部的热量。

这是一座露天矿，人类从这里开采出了一种用途广泛的金属——铜，它是电缆和电子元件中最常用的材料。

黄金除了被打造成首饰、金条或钱币外，还是制成芯片和集成电路的重要材料。

人们使用这种大型的采煤机器来开采地下的煤矿。煤是一种可燃的黑色矿石，可用于发电，是许多工厂运转的必要物质。

人们利用煤和高炉将生铁冶炼成钢。

石油是一种深埋地下的易燃黏性液体，相对来说，沙漠和海底的石油资源比较丰富。为了开采石油，我们挖很深的探井，然后将石油抽运出来，开采油田的同时也会抽出天然气。

石油可用作取暖燃料、飞机或汽车的燃料和塑料的原材料等。

人们还从地下开采出各种岩石。石灰石是重要的建筑材料，许多美丽的建筑都是用白色的石灰石建成的。板岩用于建造屋顶，黏土用于制作陶器、砖块、油漆或瓷器等，玄武岩用于铺设铁路和机场跑道等。

人们把宝石切割成美丽的珠宝。金刚石甚至被制成手术工具。

现在，地球上有超过 70 亿人口。不同的地区，人们的肤色、语言、文化也大不相同。

因纽特人

北美洲人

南美洲人

北非人

欧洲人
亚洲人
印度人
大洋洲人
非洲人

图片来源

封面：Terre © Nadalina/Fotolia

P. 2-3 : Terre © timothyh/Fotolia ; Terre vue d'avion © Igor Mojzes/Fotolia – P. 4-5 : planisphère © ktsdesign/Fotolia ; globe terrestre © chones/Fotolia – P. 6-7 : Fond paysage de montagne © bakharev/Fotolia ; Mont-Blanc
© pedrosala/Fotolia ; Everest © Daniel Prudek/Fotolia ; skieur © ChantalS/Fotolia ; VTT © vigorin/Fotolia ; Rhododendron © Christa Eder/123rf ; fleurs de montagne (Savoie) © myrtilleshop/123rf ; fleurs de montagne (bleues) © LoonChild/123rf – P. 8-9 : Rainbow Bridge © Sébastien Fremont/Fotolia ; désert des Pinacles © David Steele/123rf ; Grand Canyon © Francesco R. Iacomino/Fotolia ; The Wave © Marcel Schauer/123rf ; Danxia © ChinaFotoPress/Getty Images ; cheminées de fée © efired/123rf –
P. 10-11 : volcan Popocatepetl © Marco Regalia/123rf ; éruption lave © Beboy/Fotolia ; nuage de cendres © Richard Roscoe/Stocktrek Images/ Getty Images ; pluie de cendres © Philippe Bourseiller/Getty Images – P. 12-13 : Mont Fuji © yayoicho/Fotolia ; volcans d'Auvergne © Luc Olivier/Photononstop ; maisons troglodytiques de Cappadoce © Valery Kraynov/123rf ; Dallol © Martin Rietze/Westend61 RM/Photononstop ; chaussée des Géants © Aitor Munoz Munoz/123rf ; Aiguilhe (Puy-en-Velay) © photosjcc/Fotolia ; lac de cratère © topdeq/123rf ; rizières au pied d'un volcan © pirateclub/Fotolia ; plante verte sur champ de lave © bjul/123rf ; bain de boue à Vulcano © bombyle/Fotolia – P. 14-15 : Fond fracture
© inactive design/Fotolia ; fond sismographe © Petrovitch12/Fotolia ; sauveteurs dans les décombres © Chine Nouvelle/Sipa ; route effondrée © Sipa ; fracture dans la route © Reynold Mainse/Design Pics/Photononstop ; faille de San Andreas © Photoshot/Kevin Schafer/ Biosphoto ; tsunami © Handout/Reuters Pictures ; yacht sur le toit d'une habitation © The Asahi Shimbun/Getty Images – P. 16-17 : Saut de l'Ange © huci/Fotolia ; source © Joël Douillet/Biosphoto ; torrent © Brigitte Merle/ Photononstop ; torrent glaciaire © Jean-François Hagenmuller/Hemis. fr ; pêche en rivière © Bruno Mathieu/Biosphoto ; lac © nhannguyenhi/ Fotolia – P. 18-19 : embouchure © mrakhr/Fotolia ; flmants roses © Richard Semik/123rf ; delta © Bernard Alunni et Marie-Christine Lemayeur ; méandres © Vladimir Melnikov/Fotolia ; chutes d'Iguaçu © maxsaf/Fotolia ; cascade © Sura Nualpradid/123rf ; grotte © wacharachat Vaiyaboon/123rf – P. 20-21 : Terre, vue sur Pacifique © Leonello Calvetti/ 123rf ; poissons parmi les coraux © Irochka/Fotolia ; Eau de mer © magan/Fotolia ; marais salants © DreanA/Fotolia – P. 22-23 : plage et vagues © miloszg/123rf ; vague © Pedro Felizardo/Fotolia ; courant © Corbis/VCG/Getty Images ; plage de sable © Yan YuanYuan/123rf ; vagues contre les falaises d'Étretat © unknown1861/123rf ; plage de galets à Étretat © Thibault Renard/Fotolia ; calanques © Bertrand Gardel/Hemis.fr ; fjord norvégien © Mauritius/Photononstop ; le mont Saint-Michel à marée haute © Francis Leroy/hemis.fr – P. 24-25 : illustration vie marine © Fleurus, DR ; archipel en Thaïlande © Noppakun Wiropart/123rf ; atoll (Polynésie française) © Benoît Stichelbaut/Hemis.fr ; îles Galapagos © jkraft5/Fotolia ; iguane des Galapagos © doethion/Fotolia – P. 26-27 : soleil à travers les nuages © merydolla/Fotolia ; paysage et arc-en-ciel © Mike Mareen/Fotolia ; mousson © Thor Jorgen Udvang/123rf ; nuages © Rrraum/Fotolia ; nuage d'orage © mihtiander/123rf ; petite fille faisant de la buée © travnikovstudio/Fotolia ; brouillard © budabar/123rf – P. 28-29 : paysage enneigé © Maksim Shmeljov/123rf ; flocons © koldunova et Kichigin19/Fotolia ; orage © Vasin Leenanuruksa/123rf ; grêlons sur le sol © Ryszard Stelmachowicz/123rf ; grêlons dans la main © ommb/123rf ; cerf-volant © Patryk Michalski/Fotolia ; tempête en mer © Eberhard Grames/Bilderberg/Photononstop ; cyclone vu par satellite © Tomas

Griger/123rf ; cyclone © Science Photo Library/Jim Edds/Biosphoto ; tornade © Jim Zuckerman/Flirt/Photononstop – P. 30-31 : forêt Costa Rica © Christian Heeb/Hemis.fr ; fond forêt © Smileus/Fotolia ; arbre et racines © Andrey Kryuchkov/123rf ; feuilles vertes © Radoslaw Ziemniewicz /Fotolia ; cerf mangeant feuilles © Abi Warner/123rf ; arbre à feuilles caduques © winyu/Fotolia ; conifère sous la neige © Mariia Pazhyna/Fotolia ; baobab © Nazzu/Fotolia ; palmier © Iakov Kalinin/123rf – P. 32-33 : edelweiss © Christa Eder/123rf ; perce-neige © Africa Studio/Fotolia ; muguet © kingan/Fotolia ; fleurs des dunes © foto50/Fotolia ; orchidées © nantarpats/Fotolia ; fleur de nénuphar © Igor Tarasov/Fotolia ; coquelicots © ronfromyork/123rf ; dionée attrape-mouche © Marco Uliana/123rf ; mousse et cascade © Rudiger Rebmann/123rf ; lichen © bicdibus/Fotolia ; mousse et lichen © Luis Louro/123rf ; champignons © tspider/123rf ; algues © Maurizio Biso/123rf – P. 34-35 : manchots empereurs © Silver/ Fotolia ; fond banquise © vichie81/Fotolia ; ours polaire © lanau/Fotolia ; désert © Monique Pouzet/Fotolia ; côte bretonne (Morbihan) © Thierry RYO/Fotolia ; savane © François Gagnon/123rf ; forêt équatoriale © Teodoro Ortiz Tarrascusa/123rf – P. 36-37 : Fond mer et chalutier © Microgen/Fotolia ; moissonneuse-batteuse/123rf © Aliaksei Smalenski ; épis de riz © Anan Punyod/123rf ; vaches © Sébastien Closs/Fotolia ; livraison de bois © Leonid Ikan/123rf ; médicaments © Chobsak Dararuang/123rf ; barrage hydroélectrique © Auttapon Moonsawad/123rf ; centrale géothermique © Laurence Gough/123rf - P. 38-39 : Mine à ciel ouvert © kyrien/Fotolia ; minerai cuivre © johnnysek/Fotolia ; marmite en cuivre © Dan Kosmayer/Fotolia ; minerai d'or © Björn Wylezich/Fotolia ; lingots d'or © darknightsky/Fotolia ; minerai argent © boyzzzzz/Fotolia ; barres d'argent © nikolayn/Fotolia ; haveuse © Dmytro Tolmachov/123rf ; charbon © pawel70/Fotolia ; haut-fourneau © zhengzaishanchu/Fotolia ; pétrole © Hanhu Viitanen/123rf ; Pompe de forage © stephenallen75/Fotolia ; plate-forme pétrolière © Chanchai Suttiprapa/123rf ; saphir © acid_ninja/ Fotolia ; turquoise © bennyartist/Fotolia ; diamant © the_lightwriter/Fotolia ; rubis © Björn Wylesich/Fotolia ; Émeraude © yatcenko/Fotolia – P. 40-41 : planisphère © Jean-Luc Cochonneau/Fotolia ; Inuits © Patricia A. Jordan/Getty images ; Nord-Américains © Wavebreak Media Ltd/123rf et WavebreakmediaMicro/Fotolia ; Sud-Américaine © ruslanita/Fotolia ; Brésilien © Filipe Frazao/123rf ; Maghrébins © Keith Levit/123rf ; Indiens © Vikram Raghuvanshi/Getty Images ; Africains © Somwaya/Fotolia ; Australiens © Wander Women Collective/Getty Images ; Européens © Jasmin Merdan/123rf ; Asiatiques © tomwang/123rf

图书在版编目（CIP）数据

揭秘地球 / （法）埃马纽埃尔·勒珀蒂著；（意）贝妮代塔·吉奥弗雷，（意）恩里卡·鲁西娜绘；王丁丁译
— 广州：岭南美术出版社，2023.2
（探秘万物儿童百科·走近科学）
ISBN 978-7-5362-7559-1

Ⅰ.①揭… Ⅱ.①埃… ②贝… ③恩… ④王… Ⅲ.①地球－儿童读物 Ⅳ.①P183-49

中国版本图书馆CIP数据核字（2022）第162944号

著作权合同登记号：图字19-2022-111

出 版 人：刘子如
责任编辑：李国正　周章胜
助理编辑：沈　超
责任技编：许伟群
选题策划：王　铭
装帧设计：叶乾乾
美术编辑：魏孜子

探秘万物儿童百科·走近科学
TANMI WANWU ERTONG BAIKE · ZOUJIN KEXUE
揭秘地球
JIEMI DIQIU

出版、总发行：岭南美术出版社　（网址：www.lnysw.net）
（广州市天河区海安路19号14楼　邮编：510627）
经　　销：全国新华书店
印　　刷：深圳市福圣印刷有限公司
版　　次：2023年2月第1版
印　　次：2023年2月第1次印刷
开　　本：889 mm×1194 mm　1/24
印　　张：22
字　　数：330千字
印　　数：1—5000册
ISBN 978-7-5362-7559-1

定　　价：218.00元（全12册）

Pour les enfants - La Terre
Conception © Jacques Beaumont
Text © Emmanuelle Lepetit
Images © Benedetta Giaufret (M.I.A.), Enrica Rusina (M.I.A.)

Simplified Chinese edition arranged through The Grayhawk Agency

策划 / 海豚传媒股份有限公司
网址 / www.dolphinmedia.cn　　邮箱 / dolphinmedia@vip.163.com
阅读咨询热线 / 027-87391723　　销售热线 / 027-87396822
海豚传媒常年法律顾问 / 上海市锦天城（武汉）律师事务所
张超　林思贵　18607186981

探秘万物儿童百科

走近科学

重返恐龙时代

[法]埃马纽埃尔·勒珀蒂/著　[法]露西尔·阿尔魏勒/绘

王丁丁/译

SPM 南方传媒 | 岭南美术出版社

中国·广州

走进博物馆

走进自然历史博物馆，我们会看到蔚为壮观的恐龙骨架，还能了解到这些史前巨兽是如何生活的。恐龙生活在数百万年前，而在那个时代，人类还远远没有出现。

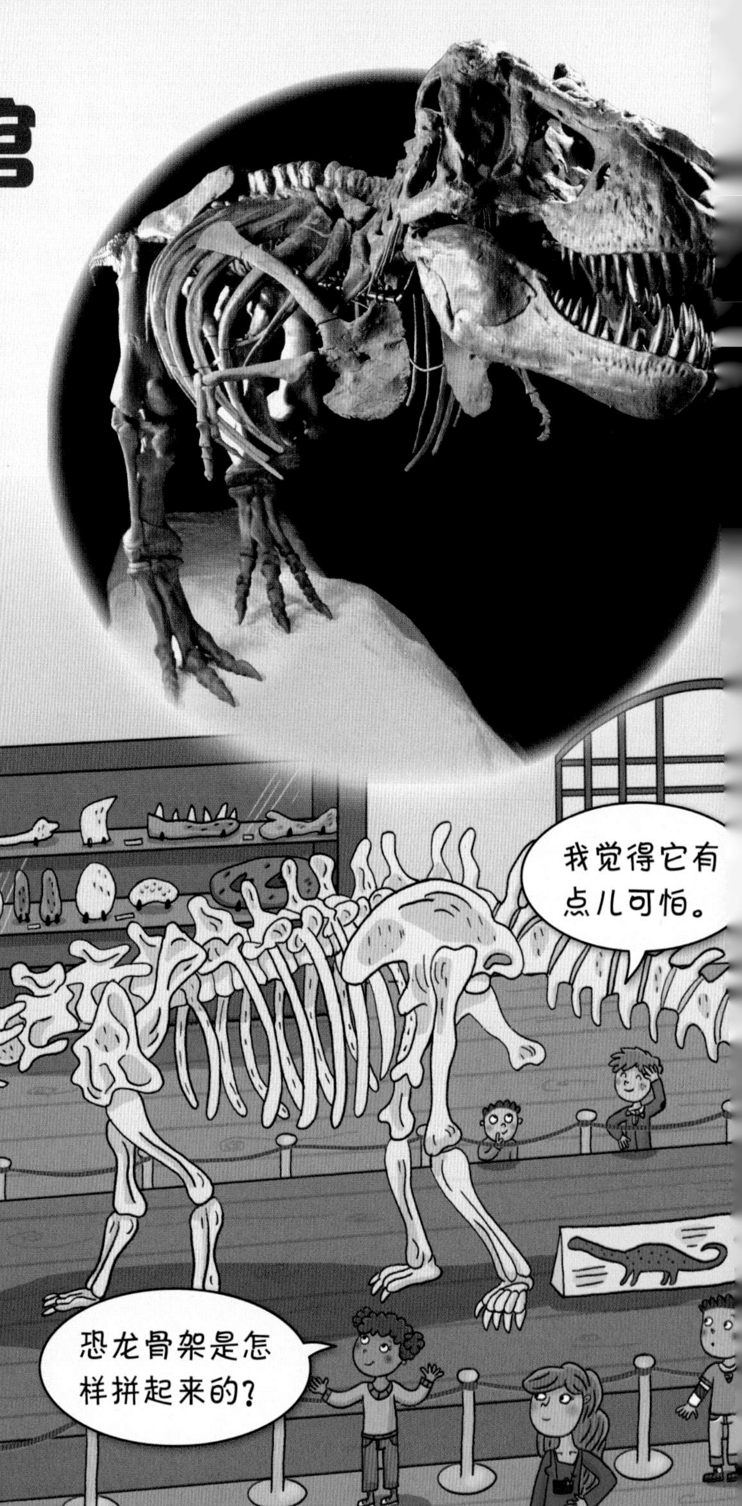

好大啊！
我觉得它有点儿可怕。
这是真的吗？
恐龙骨架是怎样拼起来的？

人们是怎样发现恐龙的？

几千年前，人类就发现了恐龙的牙齿和骨头的化石，但直到大约200年前，科学家们才将这种动物命名为恐龙。

在那时，这些化石看起来不属于任何已知的动物。一位英国古生物学家认为，它们和另一个神秘的物种——史前蜥蜴很相似。他将这种新的动物命名为恐龙，意思是“恐怖的蜥蜴”。

恐龙的骨头是怎样保存下来的？

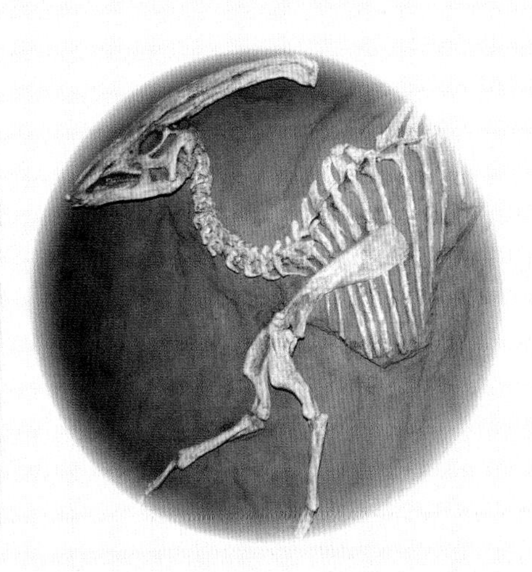

有些恐龙死后会沉入湖底。在那里，恐龙的肉身被鱼吃掉，它的骨骼会被一层层泥沙掩埋。经过几百万年的时间，地层变得像水泥一样坚硬。

恐龙骨骼在地下变得越来越坚硬，最终变成了化石。

数百万年来，恐龙骨骼一直被埋在地下。在漫长的岁月里，地貌发生了翻天覆地的变化：从前是湖泊的地方，现在变成了一座山，或者形成了一片平原。在风和雨水的不断侵蚀下，已经变成了化石的恐龙骨骼会重新暴露在地球表面。

寻找化石的古生物学家终于可以发现这些宝藏了！

挖掘恐龙化石需要团队协作！第一步是确定哪里可能埋藏有化石，这是研究土壤的地质学家们的任务。

接着，就轮到古生物学家像侦探一样，在那里仔细搜寻化石存在的线索。

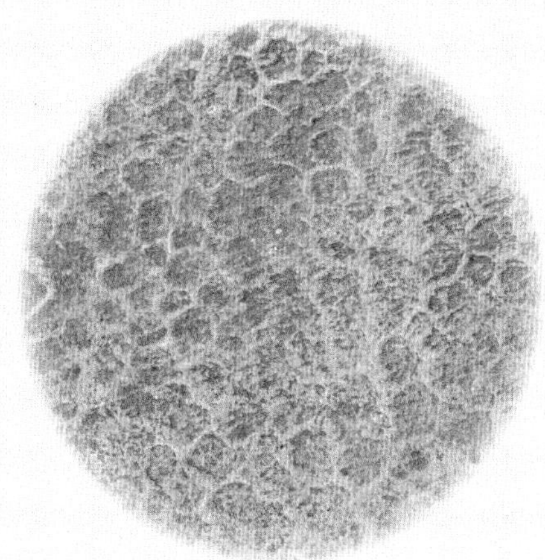

除了骨骼之外，有时，古生物学家们还能找到恐龙的脚印、蛋甚至是粪便的化石。他们可以从中得知恐龙是怎样行走的、怎样繁衍后代的，以及吃什么食物……

有的化石上还能留下一些恐龙皮肤的细节！

化石挖出来后
怎样处理？
这真是一
个谜！

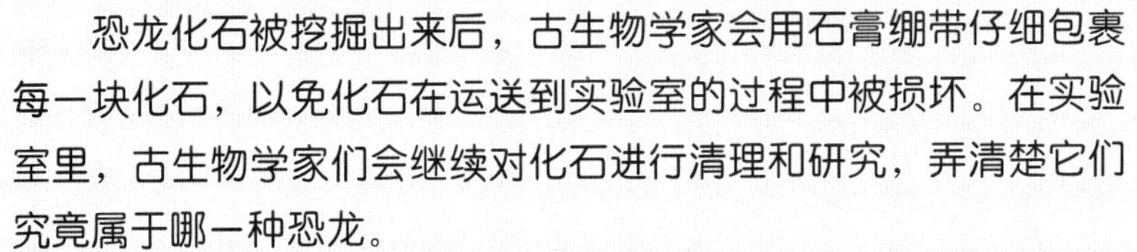

恐龙化石被挖掘出来后，古生物学家会用石膏绷带仔细包裹每一块化石，以免化石在运送到实验室的过程中被损坏。在实验室里，古生物学家们会继续对化石进行清理和研究，弄清楚它们究竟属于哪一种恐龙。

重建一副恐龙化石骨架需要几个月，甚至几年的时间。博物馆里陈列的恐龙骨架大多是复制品。

最古老的恐龙

2.3亿年以前，恐龙就已经出现，那时的地球与今天大不相同。如果我们能回到过去，漫步在恐龙时代会怎么样呢？

孩子们通过电影走进恐龙的世界，可以更好地了解恐龙。
这是2.3亿年前？太疯狂了！
多么神奇的场景啊！
感觉有点危险！

三叠纪时期，地球上的气候炎热干燥，终年都是如此，很少下雨，大陆上几乎到处都是沙漠。

陆地上仅存的植物是苏铁、针叶树和生存能力非常强的蕨类植物，因为它们只需要少量的水就能生长。

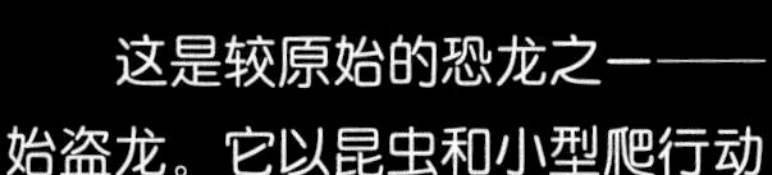

这是较原始的恐龙之一——始盗龙。它以昆虫和小型爬行动物为食，跑得很快。

由于那时的植物很少长有叶子，即使有叶子也是很难咀嚼的针形叶，所以最早的恐龙都是食肉动物，它们体形纤细，行动非常灵活。

这是蜻蜓的祖先。这种昆虫翅膀展开宽达75厘米，有乌鸦那么大，但是它并不蜇人。

三叠纪时期的昆虫比现在大得多。它们一点儿都不害怕捕食者，因为那时地球上居住的主要是一些笨拙的爬行动物，它们在地面上缓慢笨重地爬行着……

海洋中也有爬行动物，它们属于海生爬行动物，例如上图中的楯齿龙。

还有一些爬行动物能飞上天空，它们是翼龙。翼龙的飞行翼由皮肤薄膜组成，像蝙蝠一样。它们有一条骨质尾巴，嘴中长满锋利的牙齿。翼龙以生活在海洋和河流里的鱼类为食。

恐龙是怎么
出现的?

恐龙由当时统治地球的爬行动物进化而来。2.45亿年前，其中的一些爬行动物的后肢变得长而有力。它们开始挺直身子行走，就像上图的派克鳄一样。

有一种鳄叫派克鳄，它比兔子大不了多少，身体很轻盈，它成功地站了起来。这可能就是恐龙的祖先。

这是恐龙的
洞穴吗?

大带齿兽

阿法齿负鼠

这是较早的哺乳动物之一——大带齿兽的洞穴。大带齿兽是一种毛茸茸的野兽，个头像鼬鼠那么大。

哺乳动物与恐龙几乎在同一时期出现。但在那时，哺乳动物体形还很小，为了不被恐龙吞食，它们非常低调，不会引起恐龙的注意。直到恐龙灭绝后，这些哺乳动物的体形才开始变大。

场景切换！2亿年以前，气候发生了变化：尽管天气还是很炎热，但总是下雨。植被生长，新种类的恐龙层出不穷，恐龙的种类越来越多，体形也越来越大。

数百万年过去了，地球上的气候也发生了变化。现在，气候变得更加潮湿了。

在温暖潮湿的气候下，植物开始疯狂地生长，虽然种类还是和以前一样，但是长得更高大、更茂盛。现在的地面看起来更像是一片热带丛林，地面上长满了苔藓和蕨类植物。

这种头部细长的动物不是恐龙，而是原鳄，也就是最原始的鳄鱼。

至于恐龙是什么颜色的，目前我们没有找到任何线索。古生物学家们想象恐龙的皮肤是绿色或棕色的，上面带有斑点或条纹，这样可以更好地伪装、捕食，但是现在没有证据证实这种猜想。

蜥脚类恐龙

1.6亿年前，在与森林交界的平原上，生活着成群的巨型恐龙，古生物学家们称之为蜥脚类恐龙。它们是有史以来最大的陆生动物。

突然觉得自己好渺小！
呃……你们确定不害怕吗？
恐龙可以够到多高的地方？

最初的恐龙很小，因为那时没有什么食物。后来随着地球上的植被越来越繁茂，有些恐龙进化成了食草恐龙。它们吃草、树叶和灌木，身体不断生长。为了支撑自身的重量，它们的腿变得像树干一样结实，脚趾也变得又厚又粗。

在数百万年的进化中，大概是为了够到更高处的树叶，蜥脚类恐龙的脖子变长了。

为了保持平衡，它们的尾巴也相应地变长了。如果没有这条长尾巴，它们走路时就会失去平衡，踉踉跄跄。一些蜥脚类恐龙能用后脚直立，尾巴和后脚像三脚架一样支撑身体的平衡。

恐龙的牙齿是
什么样的？
一些蜥脚类恐龙，例如中加马门溪龙的脖子长达15米，约为长颈鹿脖子长度的7倍。

相对于庞大的身体而言，蜥脚类恐龙的头很小。它们的牙齿像耙子一样，十分稀疏。

进食时，它们用牙齿从树梢猛烈地刮下树叶，然后将叶子囫囵吞下去，它们的牙齿并不是用来咀嚼食物的。

由于在吞下树叶之前没有咀嚼，蜥脚类恐龙需要吞下石子来帮助自己消化。石子在胃里互相碰撞，可以碾碎树叶。

鸡和蜥脚类恐龙一样，也需要通过吞下石子来帮助消化。

考虑到蜥脚类恐龙庞大的体形，它们几乎没有敌人！当遇到危险时，它们会一个挨一个地挤在一起。

如果有饥饿的食肉恐龙试图攻击它们，它们会用鞭子一样的长尾巴抽打敌人，抽打的声音震耳欲聋，非常可怕！

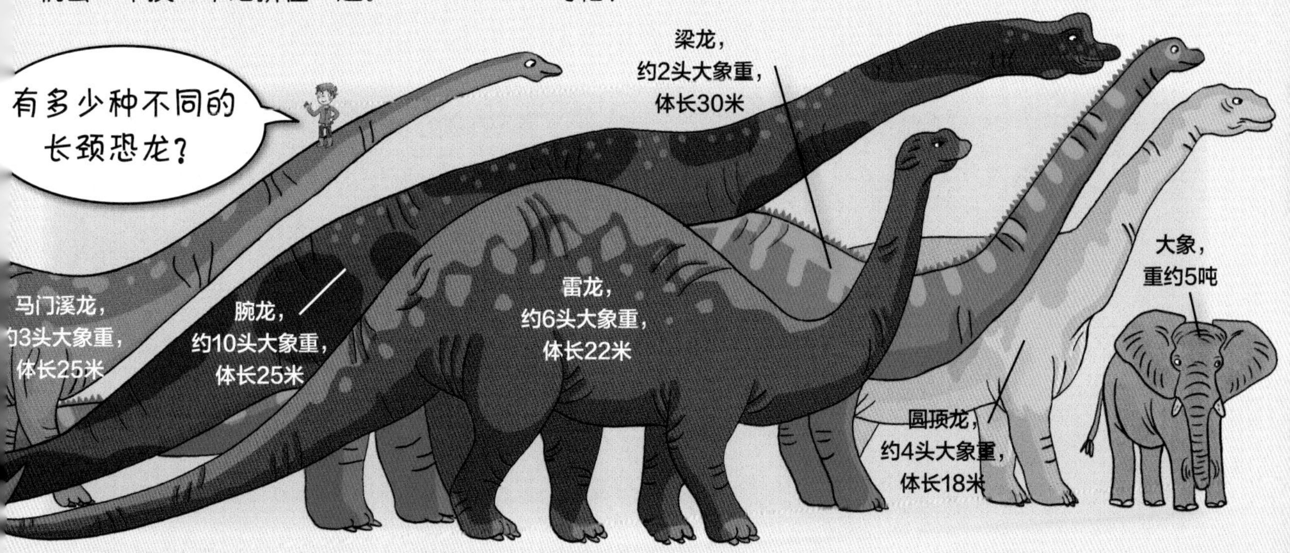

蜥脚类恐龙数量繁多。1.35亿年前，地球的每块大陆上都有它们生活的痕迹。它们是恐龙家族的重要成员。

蜥脚类恐龙中的一些种类非常著名，例如梁龙，它有3辆公共汽车那么长。还有腕龙，从头部到地面高达13米（5层楼的高度）。

其他食草恐龙

1.5亿年前，除了蜥脚类恐龙，还有其他食草恐龙，它们比蜥脚类恐龙小得多，但是它们有各自的武器，保护自己免受食肉动物的攻击。

它背上的东西是什么？
你看到它的脚印了吗？
看到了，接近1米长！

它的后背上为
什么有甲板？
剑龙的尾巴末端长满
尖刺，它通过挥舞尾巴来
保护自己。

剑龙生活在侏罗纪时期的北美大陆，与梁龙活跃于同一时期。它只有一辆小型巴士那么长（6米），大概有一头犀牛那么重（3吨）。

剑龙背上的双层骨板像骨头一样硬，里面布满了血管网，可以像空调一样调节身体的温度。

禽龙也出现于侏罗纪晚期，重量和大小与剑龙差不多，但它的后肢更加强壮有力，可以两足直立，这使得它可以吃到高处的树叶。

禽龙拇指上的尖爪像匕首一样锋利，遇到攻击时，尖爪是很厉害的武器！

大型食肉恐龙

侏罗纪时期，食肉恐龙的体形也变得更大了。它们属于另一类恐龙——兽脚类恐龙。它们长着骇人的大嘴巴，用两条后肢站立行走，前肢短小纤细，尾部强壮发达。

一些兽脚类恐龙会独自捕食。它们埋伏在树丛中，像猎豹一样突然扑向猎物！但有时为了对付大个头的猎物，它们也会成群结队地捕猎，比如异特龙。很长一段时间以来，古生物学家都以为这些食肉恐龙是独行侠，但是现在有证据证明它们可能是群居动物。

它们总是在一起捕食吗？

天啊，可怜的蜥脚类恐龙！

你觉得它们会把蜥脚类恐龙吃掉吗？

这些兽脚类恐龙的嘴巴可以张得很大，因为它们的颌部很有弹性，可以撕咬比自身大得多的猎物。它们的牙齿边缘带有锯齿，像刀片一样锋利！有了这些牙齿，它们可以从猎物身上撕咬下大块的肉。有时肉会一直卡在牙缝里，直到腐烂，它们的嘴里简直是细菌的“乐园”！
兽脚类恐龙的牙齿
你看到它们的牙齿了吗？
好激烈的搏斗啊！

兽脚类恐龙会把小的猎物整个吞食下去。但是遇到体形巨大的食草恐龙时，兽脚类恐龙只能把它咬伤。这些恐龙即使逃脱，也会因为伤口的细菌感染而死亡。这时，兽脚类恐龙就可以饱餐一顿了。因此，古生物学家们猜测，兽脚类恐龙也可能是腐食性动物。

大部分大型食肉恐龙跑得不快，但这并不影响它们的敏捷性。

像大部分鸟类一样，兽脚类恐龙的每个后脚掌有四趾，其中三趾带爪，一趾短小略朝后方，脚掌不着地，可以像笼子一样困住小型猎物。

大型兽脚类恐龙的视力很差，但是它们的听觉十分灵敏，嗅觉也很发达。

有些食肉恐龙不满足于在森林中狩猎，它们也是捕鱼高手，比如重爪龙，它们长满尖牙的长嘴使人联想到鳄鱼。

三叠纪时期，兽脚类恐龙的体形很小，例如腔骨龙的体长只有3米。经过数百万年的进化，它们的体形变得越来越大，以便能够应付体形越来越庞大的食草恐龙，例如侏罗纪时期最为典型的异特龙就是如此，后来还有了更加庞大的巨兽龙。

恐龙的天堂

1.45亿年前，一个新的时期——白垩（è）纪开始了。这时，气候发生了变化，四季分明，草木生长，出现了最早的开花植物。地球看起来就像我们现在熟悉的样子。

白垩纪是恐龙数量最多、种类最全的时期。有些恐龙非常独特，它们全身布满厚厚的盔甲，还长着有趣的冠饰、头盔状的顶骨或可怕的尖刺……在这一时期还出现了许多大型海生爬行动物和飞行类爬行动物。

花真香啊！
为什么景色还在变化？
呀！有好多恐龙啊！

在白垩纪，大型食草恐龙的数量较少。一些新诞生的恐龙都是体形较小的食肉恐龙，其中有可怕的霸王龙，也有更小更敏捷的伶盗龙。新的动物也出现了。伴随着花朵的出现，采蜜的昆虫、以花朵为食的鸟儿、捕食昆虫的青蛙以及吃青蛙的蛇都诞生了。

恐龙之王

重如大象、长如公共汽车、高如长颈鹿的霸王龙是较著名的恐龙之一，它们也叫作“暴龙”。霸王龙捕食大型食草动物，不过找不到猎物时，它们也吃动物的残骸。

这只恐龙在咆哮吗？

一些古生物学家认为，霸王龙在攻击时会发出可怕的叫声，足以把猎物吓呆。

人们不确定霸王龙是否能够奔跑，因为它身体的负担太重了。据古生物学家推测，霸王龙更喜欢慢慢踱步，它们最快的速度大约能达到每小时30千米。

救命啊！我的耳朵！！！
快躲起来！
你觉得它看得到我们吗？
它的牙齿好大！
它的手好短！

霸王龙会扑向猎物，一口咬住猎物的喉咙，使劲摇晃。霸王龙拥有所有食肉恐龙中最强大的颌骨。一眨眼的工夫，霸王龙就可以把猎物撕成碎片，它们能一口气吞掉50千克的肉！

霸王龙的牙齿是真正的撕裂工具，每颗牙齿长15～20厘米，微微弯曲，锋利如刃，就像锯子一样！如果其中一颗牙断了，会有一颗新牙长出来取而代之。

鸭嘴龙家族

白垩纪时期出现了很多新种类的食草恐龙，它们大多像鸭子一样长着又宽又平的嘴，像奶牛一样成群地生活！这就是鸭嘴龙家族。

它们的头好有趣啊！
你觉得它们有牙吗？
这只恐龙的头上好像有根天线！

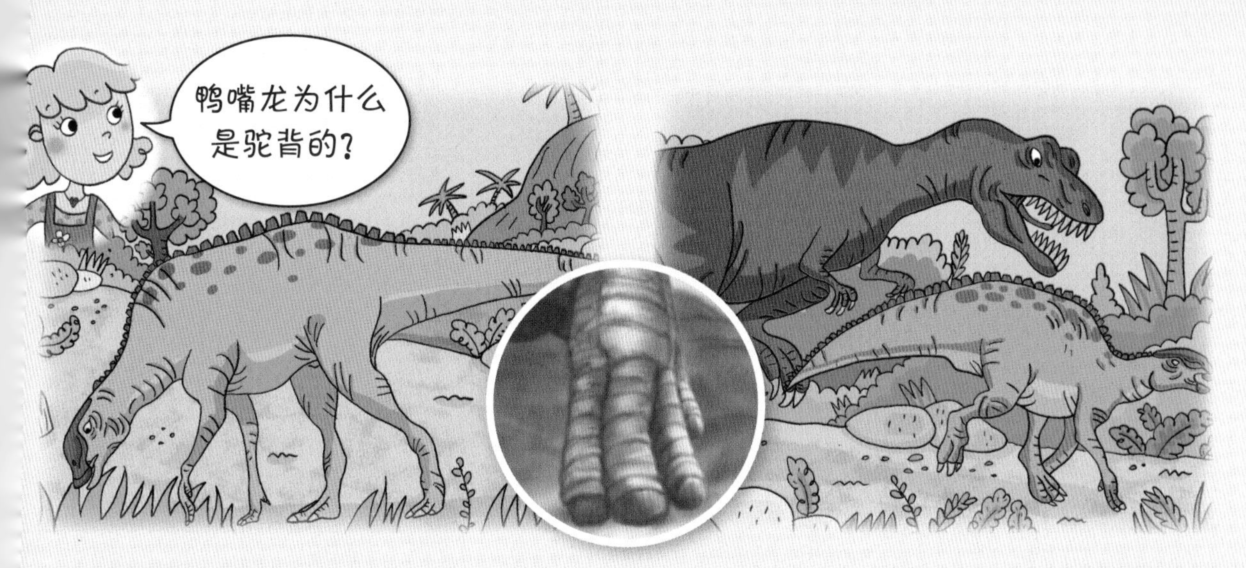

鸭嘴龙的背部微驼，头部前倾，脖子弯曲，这是为了更方便地吃到地面上的草。它们的趾尖形如马蹄，能避免自己陷入草地或沼泽之中。鸭嘴龙没有利爪和尖牙，无法保护自己，但是它们行动非常敏捷，能够快速地逃跑。

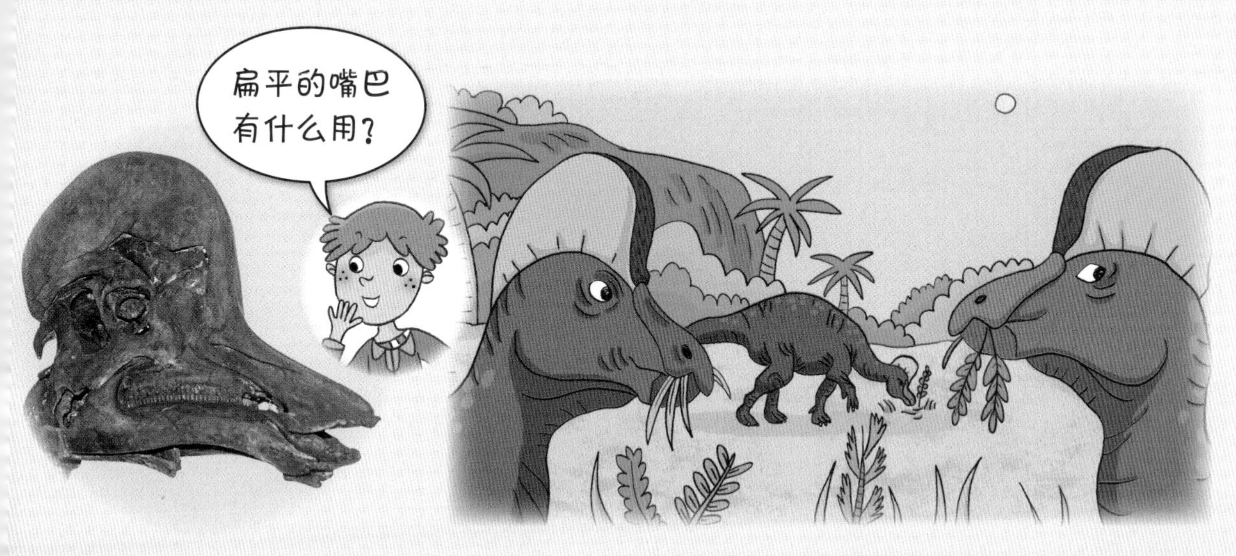

鸭嘴龙的嘴边缘非常锋利。正是依靠这种锋利的嘴，它们才能将沼泽中坚硬的草连根拔起。

但是，与鸭子不同的是，鸭嘴龙有牙齿，有的鸭嘴龙甚至有1000颗牙齿。这些牙齿整齐地排列在嘴里，能像搓衣板一样把草碾成泥。

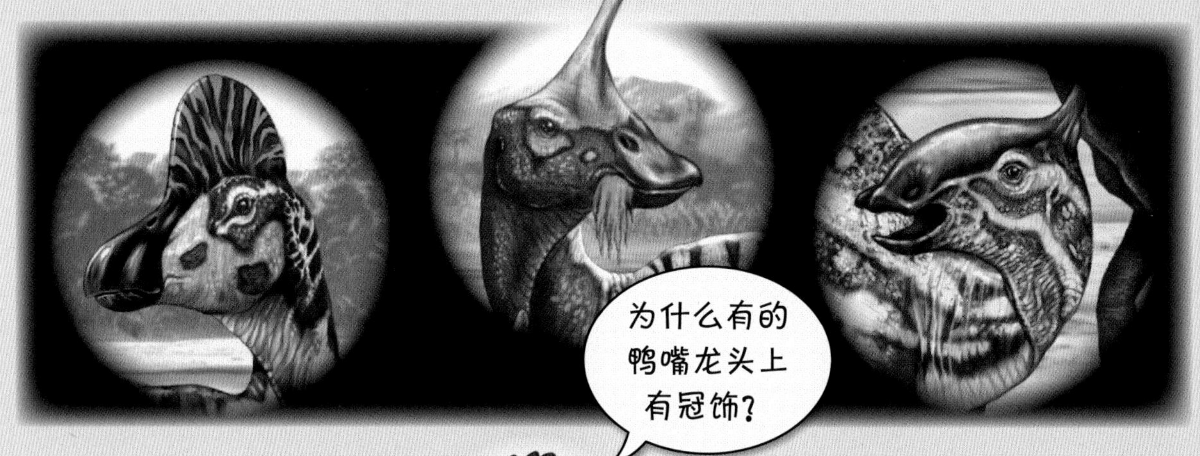

为什么有的鸭嘴龙头上有冠饰？

有的鸭嘴龙头顶长着中空的冠饰，可以像扩音器一样把它的叫声传得更远，这对于远距离交流十分有用。

冠饰还能帮助它们识别同类。雄性鸭嘴龙的冠饰比雌性鸭嘴龙的更大，色彩更丰富，这样或许能帮助它们获得雌性鸭嘴龙的青睐。

不同种类的鸭嘴龙，头部的冠饰各不相同。

副栉（zhì）龙头顶的冠饰是一根长长的中空细管，能一直生长，长度可达2米。副栉龙的冠饰能帮助它们发出响亮的叫声，即使距离很远也能听到。

这是慈母龙，也属于鸭嘴龙家族。慈母龙的意思是“好妈妈蜥蜴”，这很罕见，因为恐龙很少有会照顾子女的。慈母龙会在泥地上挖一个坑，铺上柔软的植物，然后把蛋产在坑里。但是慈母龙不会坐上去孵蛋，因为它们自身太重了。

慈母龙夫妇会用沙子和植物覆盖恐龙蛋，在等待孵化的过程中轮流照看它们。

刚出生的慈母龙宝宝只有约35厘米长，比人类婴儿还小。

小慈母龙孵化后，慈母龙夫妇会精心照顾它们，轮流给它们喂食，保护它们，直到它们能照顾自己。

完美的装备

为了更好地防御捕食者，一些食草恐龙进化出了更加厉害的装备。约7000万年前，一些身披盔甲、头长尖角和颈盾的奇怪恐龙出现了。

小心头部！
好奇怪的脖子啊！
那只恐龙身上长满了角，谁都不怕。
呃……我觉得这是一只巨型犰狳（qiú yú）。

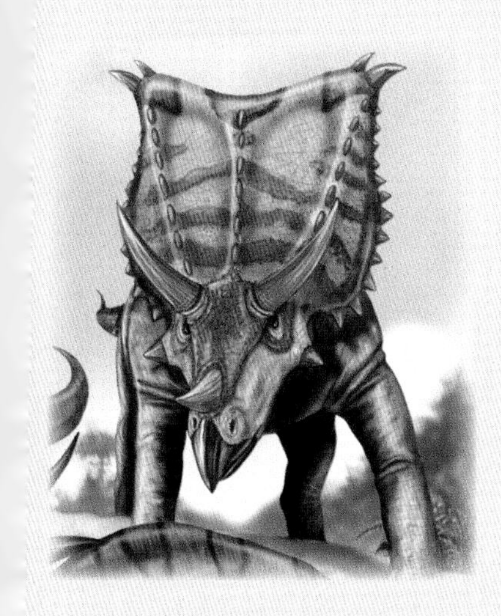

脖子上这个奇怪的部分实际上是一层骨质颈盾，它能保护恐龙的颈部。

这些头长尖角的恐龙属于角龙科。进攻时，它们会低下头，用头上的角冲锋陷阵。它们的嘴巴像鹦鹉的喙，非常锋利，也能当作武器。

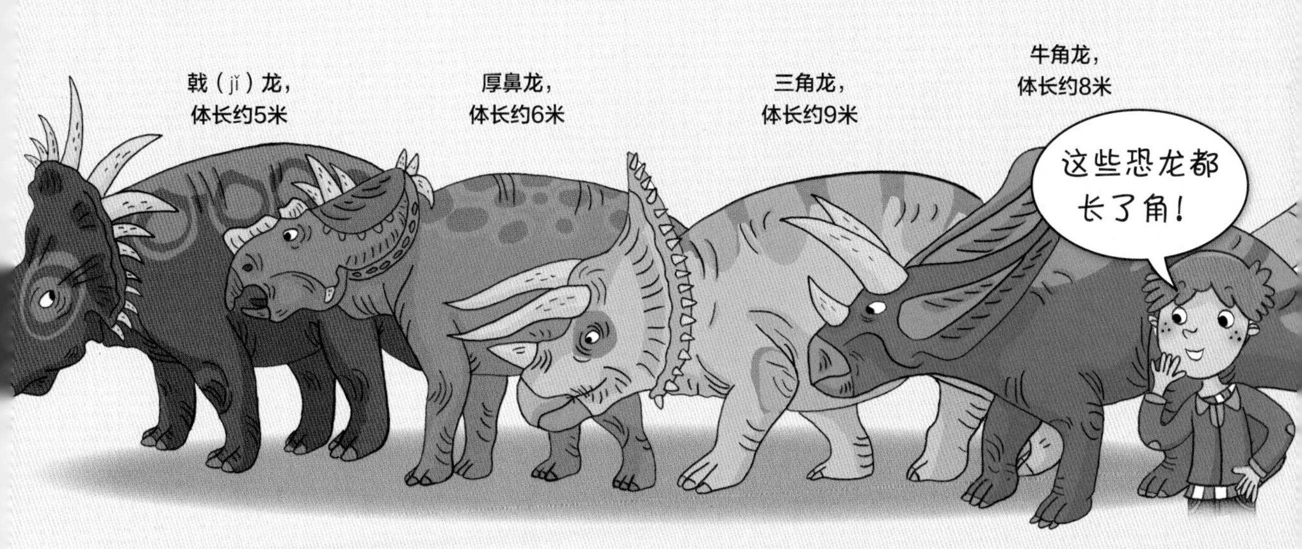

角龙家族的成员很多，其中最大且最著名的是三角龙，它们有一辆小型公共汽车那么长，重量相当于两头大象。人们可以通过鼻子上又大又厚的隆起来辨认出厚鼻龙。牛角龙长着巨型大脑袋，人们曾经发现过一块长达2.5米的牛角龙头骨化石。戟龙的颈盾周围长着6个长角和许多尖刺。

这是肿头龙，它们的头上好像长着一个巨瘤，但实际上那是坚硬的骨板。

你见过两只山羊格斗吗？为了争当首领，或者获得雌性肿头龙的青睐，雄性肿头龙之间也会像山羊一样用“撞头”的方法一较高下。

你打不过它的——它们的头骨厚达25厘米，而人类的头骨只有不到1厘米的厚度。

通过研究这些骨骼化石，古生物学家们认为肿头龙并不是从正面直接撞击，而是从侧面撞击对方。

它看起来像一只巨大的犰狳！
犰 狳

甲龙意为“坚固的蜥蜴”。甲龙家族的恐龙身体低矮粗壮，行动笨拙，难以逃脱捕食者的追捕。因此，为了保护自己，它们全身都覆盖着厚厚的“盔甲”，有的甲龙身上还长满了尖刺。

甲龙的“盔甲”其实是骨板，骨板表面覆盖着致密坚韧的角质层，这也是构成我们指甲的物质。

这只甲龙为什么趴下不动？

当遭遇袭击时，甲龙会趴在地上保护自己柔软的腹部，因为这是它们全身最脆弱的部位。它们甚至连眼睑上都武装着甲片！有些恐龙，例如包头龙，尾部还长着沉重的骨槌。

当包头龙摆动尾巴时，它的骨槌可以打断霸王龙的腿。

有爪子的恐龙

除了大型的兽脚类恐龙，还有其他小型兽脚类恐龙，它们行动敏捷，长着爪子，有些身上甚至还披着羽毛。

这是伶盗龙，它们是一群行动敏捷的盗贼。伶盗龙比人类大不了多少，但它们会成群结队地捕食比自己大得多的猎物。团结就是力量！伶盗龙双脚的第二根脚趾上长着又长又锋利的镰刀状趾爪。它们用肌肉发达的后腿直立行走。因为体重很轻，它们可以跑得很快。

伶盗龙进攻时非常可怕，它们会扑向猎物，并用尖锐的趾爪撕碎猎物。

伶盗龙生活在亚洲，但人们也在北美洲发现了它们的近亲，例如长着巨大趾爪的恐爪龙，夜间捕食昆虫、蜥蜴与小型哺乳动物的伤齿龙，还有斑比盗龙。

这是窃蛋龙。古生物学家最早发现窃蛋龙化石时，发现它正趴在一窝蛋上面！

长期以来，人们都认为窃蛋龙会偷吃其他恐龙的蛋。事实上，人们在窃蛋龙化石附近发现的恐龙蛋化石都是它们自己产的蛋！它们能像鸟一样孵蛋。

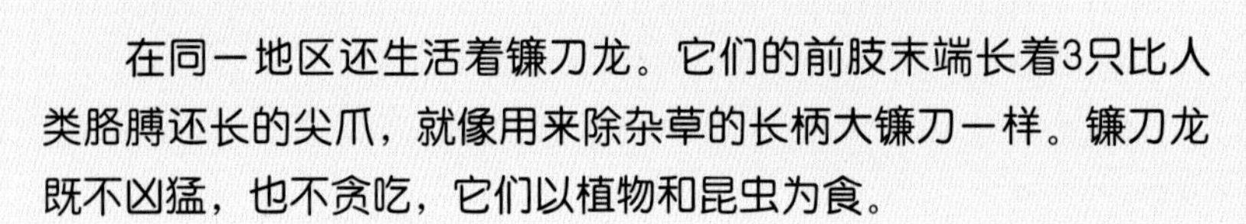

在同一地区还生活着镰刀龙。它们的前肢末端长着3只比人类胳膊还长的尖爪，就像用来除杂草的长柄大镰刀一样。镰刀龙既不凶猛，也不贪吃，它们以植物和昆虫为食。

事实上，镰刀龙的尖爪是用来取食树叶或挖出白蚁和蚂蚁的。

看，这些恐龙长着羽毛！它们会飞吗？

虽然不少兽脚类恐龙都身披羽毛，但它们不是鸟类，也并不会飞，只能在陆地上行走。它们的羽毛可能是用来保护自己不被阳光晒伤或抵御夜晚的寒冷的，也有可能是为了博得异性恐龙的青睐。

这是鸵鸟吗？
鸵鸟

似鸵龙长着细长的腿和脖子，因为外形与现在的鸵鸟相似而得名。

似鸵龙可能是跑得最快的恐龙，它们的奔跑速度推测最快可达每小时80千米，比赛马还快！似鸵龙总是处于戒备状态，如果捕食者出现，它们可以立刻全速逃跑。

恐龙的近亲

中生代时期*还出现了一些长相奇特的爬行动物，它们不是恐龙，而是海生爬行动物和飞行类爬行动物。

呃……看到它我都不敢下水游泳了。
你们看到那些天上飞的怪物了吗？
这是什么怪物?!

* 中生代时期包括三叠纪、侏罗纪和白垩纪三个时期。

长颈海生爬行动物统称蛇颈龙类。最长的蛇颈龙体长可达18米。它的头很小，但是脖子很灵活，可以伸入虾群中吃个够。

海生爬行动物不是鱼类，它们必须浮出水面才能呼吸。

这是翼龙，属于翼龙目，它们是天空的统治者，从三叠纪以来就一直生活在地球上。风神翼龙的翼展宽达11米。它们没有羽毛，飞行翼由薄薄的皮膜组成，尾巴细长。有些种类的翼龙拥有长长的骨质冠饰，可能是用于保持飞行平衡的。

风神翼龙是迄今已知最大的飞行动物。它竟然有一架小型客机那么大。它们是地球上最后一种翼龙。

恐龙的灭绝

6500万年前，地球上的动物并不知道，在几十万年内它们中的大部分都会灭绝。到底是什么导致了这场浩劫呢？

另一种解释是，6500多万年前，大规模的火山喷发破坏了生物的生存环境。几十万年来，这些火山不断喷发出滚烫的岩浆、大量的灰尘和有毒气体。同时，地震和海啸也愈加频繁。

有一种解释是，气候开始变得极端，夏天更热，冬天更冷。许多海洋、河流和沼泽都干涸了。

这种空气真令人窒息。
这些小家伙们要去哪儿？

最初，大规模的火山喷发带来了难以忍受的高温。接着，大量火山灰和灰尘阻挡了太阳光线，地球上暗无天日，气温骤降。火山喷发带来的有毒物质破坏了植被，污染了空气，让生物无法呼吸。

还有一些科学家认为，一颗来自太空的巨大岩石撞击了地球，大约坠落在现今墨西哥的位置。在猛烈的撞击之下，大地炸裂、海平面上升，海啸席卷了一切……

然而，还是有一些物种存活了下来，例如鸟类、昆虫、小型哺乳动物和小型爬行动物（蜥蜴、乌龟、蛇）。这是因为它们需要的食物不多吗？还是它们躲进洞穴里，逃脱了灭绝的命运呢？

图片来源

封面 : Tête de Tyrannosaure Rex © R. Harris SPL/Cosmos. Dessin : Lucile Ahrweiller

P. 2 : Squelette de T-Rex © L. Psihoyos/GettyImages P. 3 : Mâchoire de megalosaurus © DK limited/Corbis. Fossile de parasaurolophus © K. Schafer/GettyImages. P. 4 : Fouilles en Mongolie © L. Psihoyos/Corbis. Fouilles au Nigeria © D. Dutheil/Sygma/Corbis. P. 5 : Empreintes de dinosaure © L. Psihoyos/Corbis Fossile d'œuf © L. Psihoyos/GettyImages Peau fossilisée de dinosaure © K. Lucas/Visuals Unlimited/Corbis P. 6 : Dinosaure au trias © LookatSciences. P. 8 : Ptérosaure, deux images © P. Roller/LookatSciences. P. 9 : Euparkeria © DEA Picture Library/GettyImages Lagosuchus © DEA Picture Library/GettyImages P. 11 : Détail peau de dromaeosaure © P. Plailly/Eurelios/Lookatsciences. Scène du jurassique © Highlights for children/GettyImages. P. 12 : Brachiosaures (dans le rond) © R. Harris/Cosmos. Brachiosaures dans paysage du jurassique © R. Harris/Cosmos. P. 13 : Longs-cous (dans le rond) © J. Zuckerman/Corbis Brachiosaures près d'une rivière © R. Harris/SPL/Cosmos Plateosaurus sur sa queue © Dorling Kindersley/GettyImages P. 14 : Tête de long-cou mangeant © DEA Picture Library/GettyImages.Barosaure tirant sur des feuilles © R. Moller/ GettyImages Cailloux © DR Poules © G. Dann/ GettyImages. P. 16 : Stégosaure (dans le rond) © K.Lucas/GettyImages. P. 19 : Tête d'allosaure © Image/Source Corbis. Dent de carcharodontosaurus © M. A. Schneider/BSIP. P. 20 : Dilophosaurus chassant © BSIP/OSF/Highlights for children. Carnivore charognard © BSIP/OSF/ Highlights for children. Tarbosaure courant © F. Saurer/LookatSciences. Détail de patte d'allosaure © R. Harris/SPL/Cosmos. P. 21 : Dilophosaurus à l'affût © W. Myers/SPL/Cosmos. P. 23 : Abeille © A.Yu/GettyImages. Grenouille © P. Sutherland/GettyImages. Serpent © P. Shoen/GettyImages. P. 25 : Gueule de tyrannosaure © R. Harris/SPL/ Cosmos. Dents de T-Rex © Corbis. P. 26 : Brachylophosaurus (dans le rond) © J. Csntonyi/LookatSciences. P. 27 : Tête fossile de corythosaure © A. Copley/Visuals Unlimited/Corbis. P. 29 : Œufs de dinosaures © DR. P. 30 : Triceratops (dans rond) © R. Harris/ SPL/Cosmos. P. 31 : Squelette de triceraptops © L. Psihoyos/Corbis Torosaure attaquant © DEA Picture Library/Corbis. P. 32 : Pachycéphalosaure © J. Tucciarone/SPL/Cosmos. Crâne de stegoceras © C. Keates/GettyImages. P. 33 : Ankylosaure : euoplocephalus © F. Saurer/SPL/Cosmos. Tatou © K. Shafer/Corbis Plaque osseuse fossilisée d'euoplocephalus © The Natural History of London. Doigt d'enfant © DR. P. 34 : Deinonychus (dans le rond) © R. Harris/SPL/Cosmos. P. 35 : Patte de vélociraptor © Biosphoto/ Natural History of London.Deinonychus © LookatSciences. Bambiraptor © J.Cstonovi/LookatSciences. P. 36 : Oviraptor en forêt © J.Cstonovi/LookatSciences. P. 37 : Autruche © J. Warga/Corbis. P. 38 : Ptérosaures © R. Harris/SPL/Biosphoto. P. 39 : Elasmosaure © A. Ferrari/Photoshot/Biosphoto. Ptéranodon © A. Ferrari/Photoshot/Biosphoto. Quetzalcoatlus © J. Tucciarone/SPL/Cosmos. P. 40 : Sécheresse et théropodes © Dorllng Kindersley/GettyImages. P. 41 : Éruption volcanique © K. Shafer/ Corbis. Météorite © D. Hardy/SPL/Cosmos. Petit mammifère et apocalypse © R. Bizley/SPL/Cosmos.

插图 : P. 6 : Paysage du trias : M.-C. Lemayeur et B. Alunni. P. 7 : Premiers dinosaures : M.-C Lemayeur et B. Alunni. P. 9 : Megazostrodon et Alphadon : M.-C. Lemayeur et B. Alunni. P. 17 : Stégosaure : F. Tempesta. Détail de patte d'iguanodon : F. Tempesta. P. 21 : Baryonyx : F. Tempesta.
P. 28 : Différentes têtes d'hadrosaures : F. Tempesta. P. 31 : Torosaure : F. Tempesta. P. 32 : Stégocéras
au combat (2 dessins) : M.-C. Lemayeur et B. Alunni.
P. 33 : Ankylosaure en position de défense : F. Tempesta. P. 35 : Troodon : F. Tempesta.
P. 36 : Oviraptor couvant : F. Tempesta. Thérizinosaure ailes déployées : F. Tempesta.
P. 37 : Raptors citipati et struthiomimus : F. Tempesta.
P. 39 : Mosasaure : M.-C. Lemayeur et B. Alunni.

图书在版编目（CIP）数据

重返恐龙时代 / (法) 埃马纽埃尔·勒珀蒂著；(法) 露西尔·阿尔魏勒绘；王丁丁译. — 广州：岭南美术出版社，2023.2
（探秘万物儿童百科·走近科学）
ISBN 978-7-5362-7559-1

Ⅰ.①重… Ⅱ.①埃… ②露… ③王… Ⅲ.①恐龙—儿童读物 Ⅳ.①Q915.864-49

中国版本图书馆CIP数据核字(2022)第162935号

著作权合同登记号：图字19-2022-111

出 版 人：刘子如
责任编辑：李国正　周章胜
助理编辑：沈　超
责任技编：许伟群
选题策划：王　铭
装帧设计：叶乾乾
美术编辑：胡方方

探秘万物儿童百科·走近科学
TANMI WANWU ERTONG BAIKE · ZOUJIN KEXUE
重返恐龙时代
CHONGFAN KONGLONG SHIDAI

出版、总发行：岭南美术出版社　（网址：www.lnysw.net）
（广州市天河区海安路19号14楼　邮编：510627）
经　　销：全国新华书店
印　　刷：深圳市福圣印刷有限公司
版　　次：2023年2月第1版
印　　次：2023年2月第1次印刷
开　　本：889 mm×1194 mm　1/24
印　　张：22
字　　数：330千字
印　　数：1—5000册
ISBN 978-7-5362-7559-1

定　　价：218.00元（全12册）

策划 / 海豚传媒股份有限公司
网址 / www.dolphinmedia.cn　　邮箱 / dolphinmedia@vip.163.com
阅读咨询热线 / 027-87391723　　销售热线 / 027-87396822
海豚传媒常年法律顾问 / 上海市锦天城（武汉）律师事务所
张超　林思贵　18607186981

探秘万物儿童百科
走近科学

热闹的农场

[法] 埃马纽埃尔·勒珀蒂 / 著　[法] 露西尔·阿尔魏勒 / 绘
王丁丁 / 译

SPM 南方传媒 | 岭南美術出版社
中国·广州

农 场

我们常常能在田野上看见一座座农场。农用机械、建筑物和围栏是农场必不可少的设施。农民在这里饲养牲畜，种植并储存庄稼。

下面这张图中的农场是一个小型家庭农场。农民在四周的农田耕种，饲养小群的牛、羊、猪和家禽。农场主和他的家人也住在农场里。

现在，越来越多的农民专门从事一种工作，要么大量种植谷物或蔬菜，要么专门饲养牛、羊、猪或家禽。有的农民不住在农场里，但他们每天都会到农场工作。

奶　牛

人类饲养奶牛是为了获得牛奶、牛肉和皮毛。夏天，母牛和公牛在牧场上悠闲地吃草；到了寒冷的冬天，农民会让它们待在牛栏里取暖。

它在不停地咀嚼，就像我们嚼口香糖一样。
啊，我踩到牛粪了！
看，这头牛戴了一只耳环！
1、2、3、4，奶牛竟然有4个乳头！

奶牛主要吃草。它会将匆忙吞下去的草返回嘴里重新咀嚼，这种消化方式叫作反刍。

寒冷的冬天，奶牛待在牛棚里以干草为食。为了让它们长得更快，产下更多的奶，农民也会给它们喂一些维生素片、谷物或玉米秸秆等。

左边这头牛是一头公牛，它的主人给它做了绝育手术，所以它不能繁衍后代了。人们饲养它只是为了获取牛肉。

右边这头牛是可以繁殖后代的公牛，它的攻击性很强，因此需要单独饲养。农民从它们的身体里取出神奇的“小种子”，放进母牛的身体里，不久后就会有小牛出生啦！

奶牛只有在生宝宝后才会产奶。

母牛生下小牛后，大约能产 10 个月的牛奶。由于农民要把母牛产下的奶收集起来，以供出售，所以刚出生的小牛犊很快就要与妈妈分开，它们被单独饲养在牛栏里，喝奶粉长大。

以前，人们用手来挤牛奶。现在，只有一些小作坊还在手工挤奶。

现在更多的农场使用自动挤奶机，这样就可以同时给几头奶牛挤奶。农民将挤奶机的吸头套在奶牛的乳头上，机器通过模拟小牛吮吸乳汁的动作，能将牛奶快速吸出。

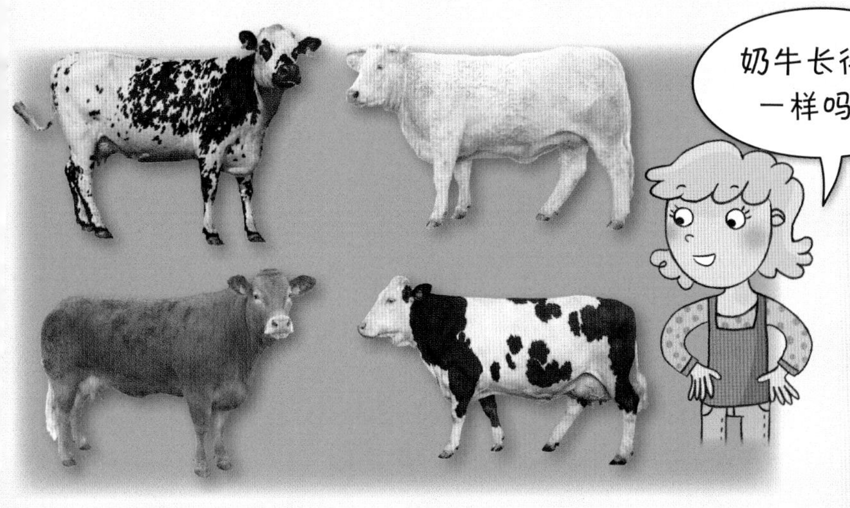

为了相互区别，每头奶牛的耳朵上都佩戴着标签。

生活在牧场上的奶牛脖子上拴着铃铛，这样即使它们迷路了，人们也能通过铃铛声找回它们。

奶牛有很多品种，不同品种的奶牛毛色各不相同：有黑白花牛、红白花牛、纯白色奶牛，还有黄褐色的奶牛。农场主会根据需要饲养不同的品种，有的是为了产肉，有的是为了产奶。

马克斯踩到了牛粪。放牛的牧场上到处都是牛粪。

牛粪中含有对植物生长有利的矿物质，是一种有机肥料。农民常常回收牛的粪便，与秸秆混合，作为肥料撒在农田里。在一些地区，人们还用晒干的牛粪建造房屋。

绵 羊

绵羊需要的草比奶牛少，所以我们常常见到羊群在山坡上吃草，尽管那里的草地不如平原肥沃，但也足以喂饱羊群。当然，我们也常常看到羊群在开阔的牧场上吃草。

这两只绵羊看起来好像不一样。
绵羊身上的毛真多啊！
我见过被剪得光秃秃的绵羊！
这是公绵羊！公绵羊头上长着螺旋状的角，母绵羊一般没有角。

冬天，在山区，绵羊待在农场暖和的羊圈里，用干草填饱肚子。

暮春，冰雪融化之后，牧羊人就会把羊群带离村庄，赶往高山草甸，羊群整个夏天都在那里吃草，这叫作游牧。到了秋天，牧羊人再把羊群赶回农场。

人们养绵羊是因为母羊每年都能生一两头小羊，而且母羊和奶牛一样可以产奶，尽管它们的乳房很小，而且只有两个乳头。

羊奶可以用来制作奶酪。公羊羔的肉质非常鲜美，人们会将公羊羔饲养到 6 个月左右再食用。

人们饲养绵羊还因为能获得羊毛。羊毛能帮助绵羊抵御风雨和严寒。到了春天，牧羊人用电动剪毛机给绵羊剃毛，绵羊不会有任何感觉，就像我们剪头发也不会觉得痛。

剪完毛后，绵羊就变得光秃秃的了！不过别担心，过了夏天，羊毛很快就会长回来了。

人们把羊毛染色，卷成线团，然后用这种毛线编织毛衣、帽子和围巾等。农场主也会将羊毛整包运到工厂，在那里进行清洗、整理、染色和编织。

人们把经过处理的羊毛制成保暖的衣服、地毯和被子。

山 羊

山羊主要分布在山区，它们和牛一样，也是反刍动物。大多数品种的山羊，无论公羊还是母羊都长着犄角，身上带有很重的膻味。人们饲养山羊是为了获得它们的肉、奶和皮毛。

山羊特别灵活，也很淘气。为了吃到树上或灌木丛中的树叶，或是岩石缝里的小草，它们会不假思索地登高、跑跳。出生两周之后，小羊羔就能吃草了，它们会在妈妈身边待两个月左右。

山羊有不同的品种。有的山羊毛很长，用这样的羊毛织出的毛衣特别柔软。

奶制品加工厂

在这个大工厂里，工人们把农场动物产的一部分奶装瓶出售，将剩下的奶制成黄油、奶油、奶酪、酸奶或其他奶制品。

一些农民会把生牛奶保存在自己农场的小型奶制品加工厂里，制成奶酪或黄油。

更多情况下，冷藏货车会挨家挨户地收集生牛奶，再统一运送到一个大型奶制品加工厂。在那里，牛奶要经过不同机器的处理，以便更好地保存。

奶制品加工厂的工人用高速旋转的牛奶离心机把牛奶分离成脱脂牛奶和乳脂（也叫稀奶油）。人们也会往脱脂牛奶中加入一些乳脂，然后将牛奶装瓶。

我们在商店购买的奶制品就是从奶制品工厂运送过来的。

把牛奶装进这个机器里，用力摇晃 30 分钟左右，就能把黄油从牛奶中分离出来。我们也可以手动制作黄油，但这需要耗费更长时间。

如果要制作酸奶，我们首先需要将一些对身体有益的菌种加到牛奶里，然后将牛奶倒进小瓶中并封口，放进温暖的房间。在菌种的帮助下，牛奶会发酵，变成黏稠的酸奶。

要想制作奶酪，首先要将牛奶倒入容器中，接着加入凝乳酶，这是一种最早从小牛或小羊的胃中提取的蛋白酶。

在凝乳酶的作用下，牛奶会渐渐凝固。将凝固的牛奶放在带有小孔的容器里沥干水分，便得到了新鲜的奶酪。

有的奶酪是由牛奶制成的，有的奶酪是由绵羊奶或山羊奶制成的。奶酪的制作方法在不同的地方都有区别，而且制作奶酪的模具也有大有小，有圆有方。

例如，要制作羊奶蓝纹奶酪，除了在羊奶中加入凝乳酶以外，还需要加入青霉菌，才能制成美味的蓝纹奶酪。

大部分奶酪需要在地窖中晾干，它们会像水果一样渐渐成熟。奶酪专家会细心控制地窖内的温度，时不时翻动奶酪。奶酪成熟时间的长短取决于奶酪的种类。

比较硬的奶酪需要几个月才制成，有的甚至几年；软奶酪则只要几天或几周。

猪

这是猪的家族，猪爸爸、猪妈妈和小猪崽们生活在猪圈里。人们饲养猪是为了获得它们的肉、骨头、皮甚至是毛发。俗话说得好：猪全身都是宝。

可爱的小猪！
猪鼻子真有趣！
它们在哪儿睡觉呢？
竟然生了9头小猪崽！

猪喜欢在泥水里洗澡，这是它们清洗自己、保护皮肤的方式。

泥巴变干后会形成一层“盔甲”，能帮助小猪防晒，保护小猪免受蚊虫叮咬。猪会在树干上摩擦，把泥土搓下来。把泥巴蹭干净后，它们便喜欢躺在稻草上睡觉。

猪的鼻子很大，鼻子上的肌肉也很发达，猪喜爱用鼻子拱开泥土，寻找植物块根和小动物等食物。

猪的嗅觉十分灵敏。在一些地区，人们像训练狗一样训练猪，利用它们来寻找松露。松露长在地下，是一种味道鲜美、极为珍贵的菌类，种类有黑松露和白松露等。

猪是杂食动物，喜爱吃各式各样的食物。喂猪的时候，农民会把食物直接倒进食槽里。

猪常吃的食物包括：玉米秆、甜菜、蔬菜皮、小麦和水果。为了让猪长得更快，人们会给猪喂由谷物和食用油等混合制成的饲料。

猪身上的任何部位都能派上用场。人们把猪肉制成烤肉、火腿、香肠等肉制品，把猪血制成血肠。猪耳朵和猪蹄也是人们喜爱的食物。

猪皮可用来制作鞋子和皮包；从猪骨和猪皮中提取的明胶可用来制作糖果、蛋糕等甜点；猪毛可用来制作画笔。

母猪一年生产两次，一次最多可以生下 15 头小猪崽！母猪一般有 12 个乳头。小猪一出生，就会占领一个乳头，大口地吮吸起来。小猪能通过气味认出妈妈。

如果母猪一次生产超过 12 只小猪，那些没有抢到乳头的小猪就会被另一头母猪喂养，或是用奶瓶人工喂养。

在工业化养猪场中，数百头猪被分栏圈养在一个大型猪舍中，无法出去嬉戏、活动。

每一头成年公猪都会被单独饲养，并被填喂很多食物，以便它的体重能够快速增长。

猪的大小便可以做成粪肥，作为肥料播撒在农田里。

家禽养殖场

这里热闹极了：喔喔打鸣的公鸡，咯咯哒的母鸡，咕咕叫的大鹅，嘎嘎叫的鸭子，咯咯叫的火鸡和大声尖叫的珠鸡……多么嘈杂啊！旁边的兔笼里，几只兔子正在安静地吃东西。

兔子会从它们的窝里出来吗？
公鸡像是这里的国王！
当心！鹅啄人可疼了。

家禽养殖场里常常发生争斗！珠鸡、火鸡和母鸡经常互啄。

阉鸡是经过手术摘除了睾丸的公鸡，人们饲养阉鸡主要为了吃它们的肉。

养殖场里通常只有一只公鸡，因为如果有两只公鸡，它们就会无休止地为争夺配偶而打架。

鸡喜欢吃农民撒给它们的种子，它们经常在啄食的时候发生争执。

鸡也很喜欢吃蚯蚓。它们像吃种子一样把蚯蚓囫囵吞下，因为它们没有牙齿，无法咀嚼。所以鸡经常啄食地上的小石子，这些小石子能将它们胃里的食物磨碎。

鹅喜欢吃柔软的草，它们长长的喙里长着像钉子一样的尖刺，可以轻松地将草连根拔起。鹅喜欢与同伴待在一起，否则它们会觉得很无聊。如果有陌生人接近，鹅会大声叫喊，驱赶入侵者。鹅是很好的守卫者。

人们为了享用鹅肝，将一些混合饲料从鹅嘴强行灌下去，使得鹅的肝脏在短时间内快速变肥。有些国家已经禁止了鹅肝的生产。

这只鹅正在筑巢，它将自己胸前柔软的羽毛铺在巢穴保暖。鹅一般在春季开始产卵，鹅蛋会在大约一个月之后孵化。几天后，小鹅就可以吃草，然后跟着家人一起四处走动。

每过一段时间，鹅身上的旧毛都会褪掉，长出新毛，人们用鹅毛来制作枕头和被子等。

刚出生的
小兔子
兔子为什么要
待在兔窝里？

因为兔妈妈要生宝宝，所以它需要安静的环境。根据品种的不同，一只雌兔一次可以产下6～12只小兔子。

兔子的品种多样，人们饲养不同种类的兔子，有的是为了吃兔肉，有的是为了获得兔皮。

兔子的牙齿为什么
总是露在外面？

因为兔子不停地在啃东西！兔子的牙齿一直在生长，它们要不断地咀嚼坚硬的食物来磨牙。

兔子不能吃太多软嫩的青草，因为消化不了。现在你知道为什么农民总是用胡萝卜、果蔬皮或者牧草、燕麦、麦麸这些干草来喂兔子了吧！

在鸡窝里

家禽养殖场里有一座小房子，这就是鸡舍。太阳一下山，母鸡就回到这里睡觉，它们也在这里避雨、产蛋。珠鸡和鹅也有自己的窝棚。

小鸡在蛋壳里是怎样发育的？
母鸡孵蛋需要多长时间？
它们睡得真早啊。

母鸡孵蛋需要大约 3 周时间，母鸡只有吃东西和排便的时候才会起身离开。

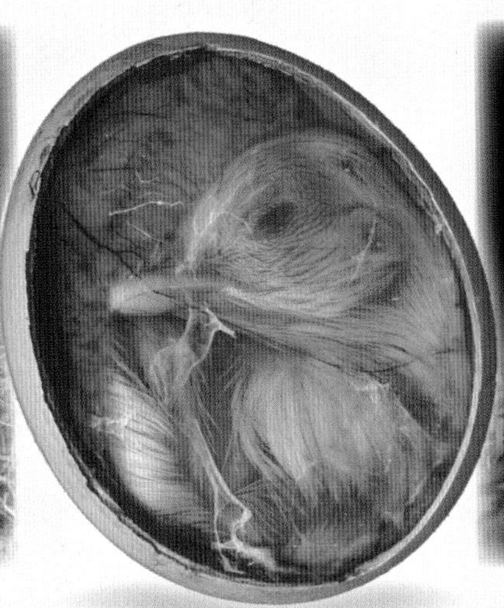

在蛋壳里，小鸡宝宝吸收富含蛋白质的蛋黄，发育长大。

当小鸡宝宝要破壳而出的时候，它会用钻石形状的喙把蛋壳顶破。

母鸡是非常细心的妈妈，它无时无刻不在照顾小鸡。母鸡教小鸡如何啄食，怎样找蚯蚓吃。有危险时，母鸡会把小鸡护在翅膀下面，并时刻准备为它们而战。母鸡是名副其实的好妈妈。

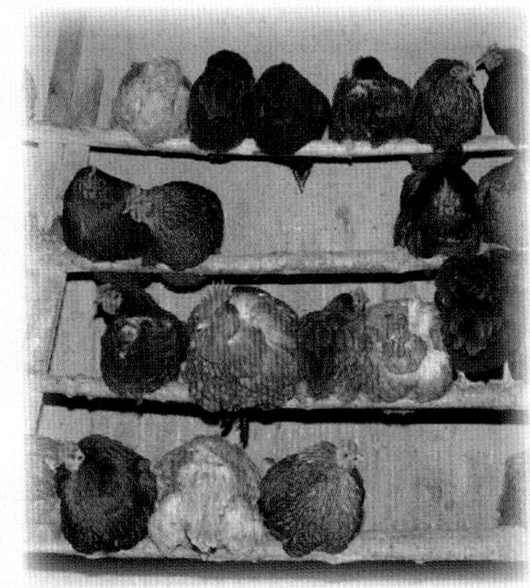

在栖架上，每只母鸡都有自己的位置。天一黑它们就睡了，因为在黑暗中它们什么也看不见。

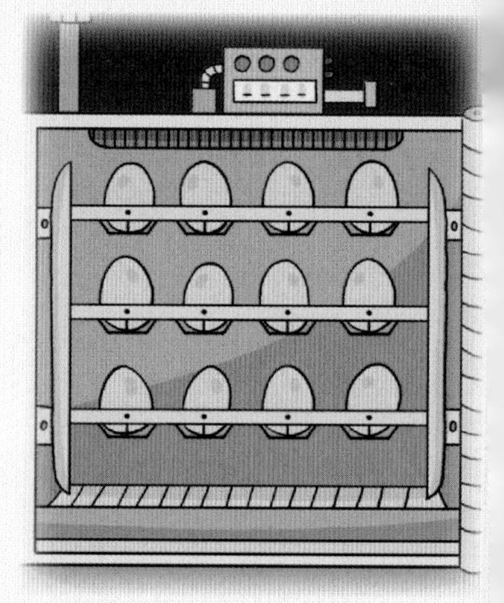

家庭鸡舍和工业化养鸡场之间有很大差别。超市售卖的鸡蛋大多数是工业饲养的母鸡产下的，这些母鸡被关在小笼子里，没有一点活动空间。

在工业化养鸡场里，小鸡不是由母鸡孵化出来的，取而代之的是电动孵化器。

小鸡一生下来就根据性别分类。养殖者把部分母鸡用来产蛋，其他的用来产肉。

小鸡是还没有长大的小公鸡或者小母鸡，它们还不能生育。在农场里，小鸡可以自由自在地散步。但是在工业化养鸡场里，它们只能一只挨着一只，挤在一个巨大的棚子里。

鸭　子

有些养殖场里会有一个小池塘，鸭子们可以欢快地在水中嬉戏，这些鸭子很容易相处。鸭妈妈一般每年都会生下小鸭子。家鸭比野鸭重，它们飞不起来。

出生 4 ～ 5 天后，小鸭子就可以下水了。有了脚蹼，它们可以在水中轻快地游泳。有时，它们会潜入水下，啃咬生长在水底的植物。

这是 3 种农场里常见的鸭子，当然，还有更多其他种类。

在农田里

夏天时，如果从高空俯瞰农田，会看到美丽的景象，因为农民在农田里种植着不同颜色的作物。农场收获的庄稼既能养活人们，还可以用来饲养动物。

为什么农田不是同一种颜色？

有些植物只需要雨水就能生长得很好，例如小麦和向日葵。还有一些植物非常依赖水，需要农民借助喷头和管道等设施频繁地浇灌，比如玉米和大多数蔬菜。
这么大的农田该如何浇灌？
有时，农民在土地里什么作物也不种，而是种花，这样可以重新赋予土地营养。农田是需要休耕的。
油菜花
小 麦
休耕地

农　田

在北方的秋天，大部分农田都是光秃秃的，上面什么都不长。但是,农民仍然有很多工作：他们要犁地，并在冬天来临之前播下种子。他们利用各种机械来完成这些工作，所有机械都由一台巨大的拖拉机牵引！

在驾驶舱里，农民可以通过电子显示屏监测机械工作。拖拉机牵引的机械（如犁、播种机等）上有一台小型摄像机，与电子显示屏相连。

全球定位系统和其他特殊软件能通过地图定位功能准确地告诉农民哪里需要播种，哪里需要施肥，等等。

现代的新型拖拉机越来越舒适：有空调、收音机、电话，还有符合人体工学的座椅。

耕地时，农民可以自主升高或降低犁来调整犁沟的深度。

农民甚至可以在夜晚耕地，因为拖拉机上有特别亮的大灯。

有了车辆前后的挂钩，拖拉机就可以挂上各种农用机械。

拖拉机的轮子又宽又大，有着深深的花纹，使车不会陷入泥土里。拖拉机的前轮叫作导向轮，用来引导方向。

拖拉机的后轮更大，因为后轮是推动机身前进的主要力量，后轮也叫作驱动轮。

这是一台翻转犁，它在拖拉机的牵引下犁地。犁上大大的金属爪子是犁刀，能向各个方向挖掘泥土，疏松农田里的土壤。

为了让土壤更加肥沃，农民有时会给农田施粪肥，犁刀可以把粪肥搅进泥土中。

大自然中有一种天然的犁，那就是蚯蚓，它与犁一样能让土壤变得疏松。

地被犁过之后，农田里到处是大土块，需要把它们耙干净。为此，拖拉机会挂接另一台机械——钉齿耙，这种机械就像一把大梳子，它的“梳齿”可以将大土块碾成小土块。

当农民把农田耙过几次后，土壤就已经准备好了，是时候用播种机撒下种子了。

这台拖拉机挂接了一台播种机，播种机上有几个装满种子的大盒子，盒子下方的小孔处连着一根根管道。当拖拉机行驶在田野上时，种子会通过管道落入土壤中。

之后，种子就能生长了！为了让作物长得更好，农民会给作物施肥，因为肥料中含有植物生长需要的维生素和一些化学物质。有的农民更喜欢使用天然肥料，比如粪肥。

农民会查看天气，根据天气情况确定犁地或播种的时机。

大丰收

七月，麦田金黄，收获的季节到了，巨大的机器和联合收割机在田野中隆隆作响。

这台大机器叫什么？

秸秆可以用来做什么呢？

麦粒都去哪儿了？

这台机器的噪声真大！

麦穗被传送带送到联合收割机的“肚子”里，一个全速转动的圆筒把麦粒抖落到各个方向。这样，麦粒和秸秆就分开了。
麦粒储存在机器内部的一个大容器里，切断的秸秆则从收割机后方掉到农田里。
农民驾驶着联合收割机在麦田上直线前进，机器上的大刀片会贴着地面将麦穗切断，机器前方转动的爪子不断将切断的麦穗卷入机器内部。
A
我们要怎么处理麦粒呢？
A

当收割机的大容器装满后，农民会将麦粒从机器侧面的大管子（A 处）倒进拖车的车斗里。

农民把收获的一部分粮食储存起来，用来饲养动物，把剩下的麦粒运送到面粉厂，在那里称重，然后储存在干燥器里。

面包师将面粉、水和少量酵母混合在一起，制作出各种形状的面包。

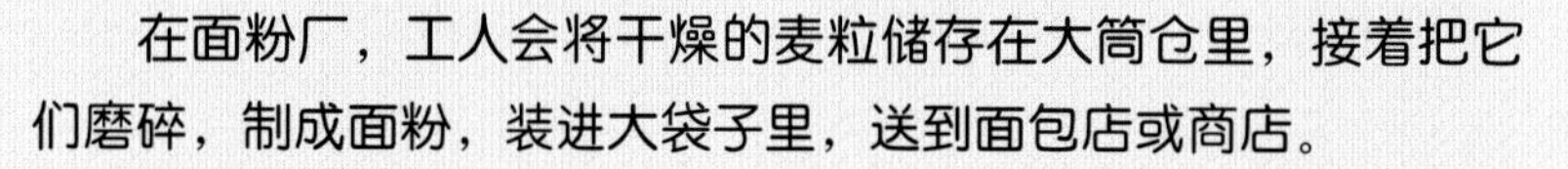

在面粉厂，工人会将干燥的麦粒储存在大筒仓里，接着把它们磨碎，制成面粉，装进大袋子里，送到面包店或商店。

收割机将麦穗的茎扔回农田里，这些黄色的茎就是我们所说的秸秆。农民把秸秆留在原地，等它们晒干之后，农民就用一台捆扎机将这些秸秆卷成捆。

冬天，农民把秸秆铺在牲畜棚里，给牲畜取暖。

玉米可以直接煮熟食用，也可以制成玉米片或爆米花。

玉米联合收割机可以直接从玉米茎上摘下玉米并完成玉米脱粒。如果是用来喂养动物的玉米，就用另一种机器进行收割，那种机器可以将整株玉米，包括穗和茎，直接切碎。

农场里还种植了其他谷物，例如燕麦、黑麦或大麦，它们的收割方式和小麦一样。收获的谷粒被磨成粉，供面包师使用，或是用来喂养牲畜或农场的其他动物。

水稻是一种适合在温带种植的谷物，它需要大量的水才能生长。

水果和蔬菜

在一些地区，人们可以去农场采摘应季的水果和蔬菜。

我们吃的蔬菜通常是植物的某一个部分，比如菜花是植物的花，豌豆是种子，西红柿是果实，这些都是长在地上的蔬菜。有的蔬菜长在地下，是植物的根，比如胡萝卜。还有一些蔬菜同时长在地上和地下，是植物的茎，例如韭葱。

人们可以在一些对外开放的农场里亲自采摘水果、蔬菜或花朵。品尝自己采摘的新鲜草莓、覆盆子或四季豆是多么开心的事呀！

每个时节都有时令水果和蔬菜，例如，西红柿是在夏天收获的，白萝卜则是在冬天收获的。

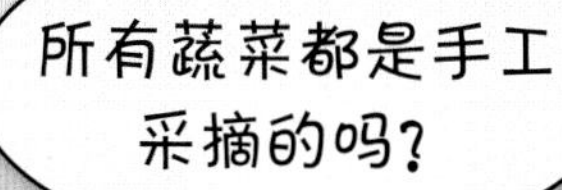

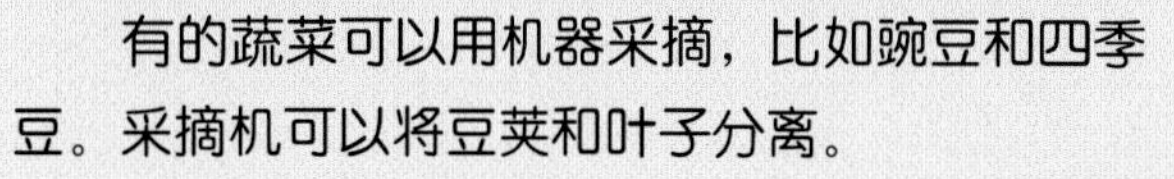

有的蔬菜可以用机器采摘，比如豌豆和四季豆。采摘机可以将豆荚和叶子分离。

像土豆、韭葱、胡萝卜这类蔬菜是用收获机来采摘的，收获机将它们挖出来、清洗并按照大小分类。

如果不除掉杂草，它们就会疯长，和庄稼争夺养分，最终杀死庄稼。

在农田里，一些农民通过喷洒农药除掉杂草。还有一些农民更喜欢在植物底部放置干草或塑料条，防止杂草生长。

果农用振动采摘器收获苹果，这种机器通过晃动树枝使果实掉到篷布上。

这座大玻璃房子是一个温室。玻璃墙壁能够吸收太阳的热量，保存室内的湿气，使得温室里又热又潮。在温室里，一年四季都可以种植水果和蔬菜。

为了给大型超市供货，一些水果和蔬菜的产量非常大。

农民会清理水果的杂叶，把水果按大小分类。品相不佳的水果会被制成果酱或罐头，质量良好的水果将在农场商店或市场上出售。

图片来源

封面 : vache © M. Grenet & A. Soumillard / Biosphoto ; tracteur © Design Pics / Hemis

P. 2 : h : Barrett & MacKay / All canada Photos / Corbis – P. 4 : Rocher / Arioko – P. 5 : h : Julien Boisard / Biosphoto ; bg : Vincent. & E. Studler / Biosphoto ; bd : Rocher / Arioko – P. 6 : hd et bd : Claudius Thiriet / Biosphoto – P. 7 : h et m : Claudius Thiriet / Biosphoto ; bc : Arioko ; bd : Sylvie Raluy / Biosphoto – P. 8 : Pierre-Paul Feyte / Biosphoto – P. 9 : h : G. Bonnafous / Colibri ; bg : Watier / Arioko ; bd : gigot : Andre Baranowski / Getty images ; roquefort : S. Breal / Colibri ; tomme : G. Pernot / Colibri – P. 10 : hg : A.M. Loubsens / Colibri ; hd : Lanceau / Arioko ; bg : Denis Bringard / Sunset ; bd : Rex Interstock / Sunset – P. 11 : h : Y. Crochet / Colibri ; m : C. Mahyeux / Colibri ; b : P. Fontaine / Colibri - P. 12 : Nigel Cattlin / Sunset – P. 13 : h : Denis Bringard / Sunset ; bg : Holt Studios / Sunset ; bc : Nigel Cattlin / Sunset – P. 14 : h : Claudius Thiriet / Biosphoto ; b : Richard Hamilton Smith / Corbis – P. 15 : hg : Foodanddrinkphotos / Sunset ; hd : Arthaud / Sunset ; roquefort : Simon / Arioko ; bg : Schneider / Arioko – P. 16 : M. Grenet & A. Soumillard / Biosphoto – P. 17 : h : Cyril Ruoso / Biosphoto ; bg : Claudius Thiriet / Biosphoto ; bd : Henri Lagasse / Biosphoto – P. 18 : h : Frank Vidal / Biosphoto ; bg : Claudius Thiriet / Biosphoto ; bd : Otto Stadler / Getty images – P. 19 : h : Claudius Thiriet / Biosphoto ; bg : Thomas Raupach / Argus / Biosphoto ; bd : Peter Frischmuth / Argus / Biosphoto – P. 20 : Ernie Janes / Sunset – P. 21 : hg : F. et J. L. Ziegler / Colibri ; hc : Jean-Luc et Françoise Ziegler / Biosphoto ; hd : Watier / Arioko ; mgc : F. et J. L. Ziegler / Colibri ; md : Simon / Arioko – P. 22 : h : Wielfried Louvet / Biosphoto ; b : Julie Habel / Corbis – P. 23 : h : Lanceau / Arioko ; hc : Lanceau / Arioko ; hd : Labat / Rouquette / Arioko ; mg : Labat / Rouquette / Arioko ; md : Lanceau / Arioko ; b : Claudius Thiriet / Biosphoto – P. 24 : Elmar Krenkel / Corbis – P. 25 : hg : Labat / Rouquette / Arioko ; hc : Lanceau / Arioko ; hd : Elmar Krenkel / Corbis ; b : Dominique Delfino / Biosphoto – P. 26 : hg : Watier / Arioko ; hd : ITamar K ; bg : Fouquet / Arioko ; bd : Claudius Thiriet / Biosphoto P. 27 : h : Watier / Arioko ; bgd: Labat / Rouquette / Arioko ; bc : Weiss / Sunset – P. 28-29 : H. Rigel / Biosphoto ; lin : Denis Bringard / Biosphoto ; tournesol : A. Christof / Colibri ; maïs : Muriel Hazan / Biosphoto – P. 29 : h : S. Breal / Colibri ; blé : Jean-Philippe Delobelle / Biosphoto ; colza et jachère : DR – P. 30 : Rex Interstock / Sunset – P. 31 : John Deere – P. 32 : h : P. Cretu / J. Negro ; b : F. et J.L. Ziegler / Colibri – P. 33 : h : Watier / Arioko ; b : L. Chaix / Colibri – P. 34 : DR P. 35 : John Deere – P. 36 : h : Denis Bringard / Sunset ; b : L. Chaix / Colibri – P. 37 : hd : Claudius Thiriet / Biosphoto ; bg : Avoine : R. Toulouse / Colibri ; Orge : A. Guerrier / Colibri ; Seigle : DR bd : Yanek Husianycia / Biosphoto – P. 38 : DR – P. 39 : bd : Roger Charity / Getty images – P. 40 : hg : Christian Vidal / Biosphoto ; hd : Claudius Thiriet / Biosphoto ; bg : Rex Interstock / Sunset ; bd : NouN / Biosphoto – P. 41 : h : RG/Hoa-Qui / Gamma-Rapho ; b : Claudius Thiriet / Biosphoto

图书在版编目（CIP）数据

热闹的农场 / （法）埃马纽埃尔·勒珀蒂著；（法）露西尔·阿尔魏勒绘；王丁丁译. — 广州：岭南美术出版社，2023.2
（探秘万物儿童百科·走近科学）
ISBN 978-7-5362-7559-1

Ⅰ.①热… Ⅱ.①埃… ②露… ③王… Ⅲ.①农场—儿童读物 Ⅳ.①F306.1-49

中国版本图书馆CIP数据核字(2022)第160458号

著作权合同登记号：图字19-2022-111

出 版 人：刘子如
责任编辑：李国正　周章胜
助理编辑：沈　超
责任技编：许伟群
选题策划：王　铭
装帧设计：叶乾乾
美术编辑：魏孜子

探秘万物儿童百科·走近科学
TANMI WANWU ERTONG BAIKE · ZOUJIN KEXUE
热闹的农场
RENAO DE NONGCHANG

出版、总发行：岭南美术出版社　（网址：www.lnysw.net）
（广州市天河区海安路19号14楼　邮编：510627）
经　　销：全国新华书店
印　　刷：深圳市福圣印刷有限公司
版　　次：2023年2月第1版
印　　次：2023年2月第1次印刷
开　　本：889 mm×1194 mm　1/24
印　　张：22
字　　数：330千字
印　　数：1—5000册
ISBN 978-7-5362-7559-1

定　　价：218.00元（全12册）

Pour les enfants - La ferme

策划 / 海豚传媒股份有限公司
网址 / www.dolphinmedia.cn　　邮箱 / dolphinmedia@vip.163.com
阅读咨询热线 / 027-87391723　　销售热线 / 027-87396822
海豚传媒常年法律顾问 / 上海市锦天城（武汉）律师事务所
张超　林思贵　18607186981

探秘万物儿童百科
走近科学

海洋的秘密

［法］埃马纽埃尔·勒珀蒂／著　［法］露西尔·阿尔魏勒／绘
王丁丁／译

SPM 南方传媒 | 嶺南美術出版社
中国·广州

海洋行星

地球表面超过70%的面积被水覆盖，因此地球也被人们称为“蓝色星球”。大海中的水跟湖泊或河流中的水不一样，海水是咸的，并且海面上往往波涛汹涌。

在太阳光的照射下，一部分海水变成了水蒸气，升到空中。在空中，水蒸气遇冷变成了云。在风的吹拂下，云朵飘动，并以雨或雪的形态落下，汇入江河，流入大海。这样不停地循环往复，大海就永远不会干涸。

人们通过盐沼池提取海盐。盐沉在池子底部，晒盐的人用一个大耙子把沉入池子底部的盐堆集起来，清洗干净，然后就可以装瓶食用了！不过，有些湖泊里的水比海水的咸度更高，例如死海，任何鱼类都无法生存其中，“死海”因此得名。

海水原本是透明的，是天空赋予了大海颜色。当天空蔚蓝时，大海就是蓝色的；当天空阴沉，大海就变得灰暗。在海水深度较小的地方，海底的颜色也会影响海水的颜色：如果海底长有海藻，海水看上去就是绿色的。热带海域的海底常常是白色的沙子，很少有海藻，大海看起来像一块晶莹的绿松石。

海底并不平坦。在海边，我还能踩到海底，也就是海床。随着海床一点点下降，海水的深度逐渐增加。

这艘小船并没有往前行驶，而是随着海浪上下起伏。

大海中也有水流，称为洋流。有些洋流是冷的，有些则是温暖的。动物被洋流裹挟着，在大海中漂荡。在塞舌尔群岛，海椰树的种子会落入大海，随着海水漂走，在附近的其他岛屿上生根发芽，长出一棵棵新的海椰树。

在风的吹拂下，海面会泛起阵阵波浪。微风只能掀起涟漪，当风力加大时，海浪会越来越高，浪尖被强风吹成白色泡沫。

在风大的海域，海浪汹涌澎湃。这里是冲浪者的天堂，他们在滚滚的巨浪中“飞翔”。

在沙滩上

世界上的大多数海滩上都有沙子。干燥的沙子可以像水一样从指尖流走。孩子们常常在沙滩上玩耍，用湿润的沙子堆砌宏伟的城堡。

在海滩玩耍时一定要留意安全提示，例如这些海滩安全旗标志着这片海滩是否适宜下水游玩。

沙子是由什么组成的？
为什么这里的沙子是黄色的？
把贝壳串起来做一条项链怎么样？

岩石碎块和贝壳在海浪的作用下，相互摩擦。久而久之，它们都被磨碎成细小的颗粒，沙子便形成了。

另一些海滩上没有沙子，只有大块的石头。这些石头一般是从峭壁上掉落的石块，它们被沙子和海浪打磨得又圆又光滑。

沙子的颜色取决于形成它的岩石。根据岩石原本的成分来看，沙子一般是暗黄色的。有些海滩的沙子是白色的，由海洋动物的残体，例如珊瑚虫的骨骼、软体动物的贝壳形成。火山岛上的沙子多是深色的，因为它们是由火山熔岩的碎片形成的。

潮汐和海风将沙子推向陆地。通过日积月累，沙子形成了一座座小山——沙丘。

只有少数植物能在沙丘上存活。起风时，这些植物能将沙子固定在原地；如果没有植物，黄沙将侵袭一切！因此，千万不要践踏沙丘上的植物，穿越沙丘的时候请走设置好的路线。

海浪不断拍打着海岸，悬崖就这样形成了，高高的海岸崖壁下是布满鹅卵石的海滩。上图是法国著名的悬崖——埃特勒塔象鼻海岸。

许多海鸟在悬崖边筑巢，它们俯冲到水下捕鱼，然后再快速飞上来。

海浪不断地拍打着悬崖，一点点侵蚀着岩石，将悬崖雕刻成一座拱桥。

随着时间的流逝，拱桥的顶端慢慢塌陷，一根石柱清晰地显现出来。

在海浪的侵蚀作用下，海岸的外观时刻在变化。

江河中裹挟的泥沙在入海口堆积，逐渐形成泥滩和沼泽，这样的地方被称为三角洲。涨潮时，沙子、泥土和石砾混合堆积，海鸟能在这里捕捉到很多小动物！

红树林通常生长在河流入海口的湿地，红树植物的树根裸露在外，像拐杖一样向下插入泥土中。

退潮

在海边，海水每天都会涨落两次，这就是涨潮和退潮。退潮时，海滩上露出了海草和许多其他生物。

海滩真大！
可以找到一些用来钓鱼的小虫子！

退潮时，海鸟回来寻找躲进沙子里的小动物。

退潮时，水位变得很低，残留在岩石间的潮水形成了封闭的小水池。你可以在这里尽情寻找那些躲藏起来的小动物。螃蟹喜欢躲在海藻或石头下面。小心！抓螃蟹的时候手千万别被夹到！你还可以用渔网捞虾。

一些贝类，例如帽贝，能利用它结实的牙齿和有力的足部紧紧地把自己固定在岩石上，除非用小刀，否则你根本不可能把帽贝撬下来。还有一些贝类，例如蛤蜊，则藏在沙子底下。海滩上到处都是大海退潮时留下的各种碎片，例如破碎的海藻、空空的贝壳等。注意！不要捡开了口的贻贝，它已经死了，无法食用。退潮时你可能会发现岛屿离海岸很近，似乎可以步行到达。但是一定要小心，一旦涨潮，你就会有被困在岛屿上的危险！

涨 潮

涨潮时，海水上涨，覆盖了海岸。人们戴上潜水镜和呼吸管，就可以潜入水中探索海面下的岩石和海藻了。你看，好多动物都冒出来了！

涨潮时，海滩被海水淹没，这正是游泳、冲浪和钓鱼的好时候。海边的动物也活跃起来，你可以看到很多鱼在水下的海藻中游来游去。海藻的假根像船锚一样，使海藻附着在岩石上。

螃蟹离开藏身之处去冒险，它们以小型贝壳、海藻和小鱼为食。贝壳不断张开又合上外壳，吸入大量的海水和浮游生物，然后吐出海水，把浮游生物吃下。

海螺从壳里钻出来吃海藻。**海星**在岩石上等待，它能用有力的腕撬开贝壳，啊呜，一口就吞下去了！退潮时我们可以步行到达小岛，但现在要想到达那里就必须乘船了。

涨潮后，必须乘船才能到达岛上。
海面下生机勃勃。
小鱼儿，快来这边……

海洋动物

海洋里有各种各样的鱼类，它们绝大多数通过产卵繁殖后代。海洋里还生活着哺乳动物，它们和人类一样是胎生的，雌性哺乳动物通过乳房哺育幼崽。鲸类就是这样繁殖的，比如鲸和海豚。

为什么小鱼会成群地游动？

鱼的鳞片像屋顶上的瓦片一样重叠在一起。这些鳞片能保护鱼的身体，是防身的盔甲。

大部分鱼类的身体里有一个充有空气的“口袋”，可以自如地充气或排气。因为有了这个“口袋”，鱼可以调整在水中的沉浮，甚至可以不用摆动鱼鳍游动，安静地睡觉。

成百上千条鱼成群地游动，是为了保护自己免受捕食者的伤害。当它们同时以很快的速度游动时，就很难被抓住了。此外，很多鱼的鳞片都像镜子一样银光闪闪的，能反射周围海水的颜色，使自己难以被捕食者看到。

不同于一般的骨头，鱼骨能向各个方向弯曲。因此，鱼儿比人类更轻盈，更灵活。

鱼类利用它们的鳍在水下游动，向右、向左，甚至是刹车！鱼的尾鳍像舵一样，能把握运动方向，使身体保持稳定。

鱼的眼睛没有眼睑，所以即使是睡觉的时候，鱼也不闭眼。鱼眼位于头的两侧，这样鱼就可以看到前面、两侧和后面的景色了。

水和人们呼吸的空气一样，都含有氧气。为了吸收溶解在水中的氧气，鱼用鳃呼吸。

以下是一些最常见的海洋鱼类，它们常常出现在水产店的货架上。有些鱼以浮游生物、海草和藻类为食，但更多的鱼是肉食动物，它们吃甲壳类动物和其他鱼类。

比目鱼的身子十分扁平，它们白天栖息在沙子里，晚上出来觅食。它们以虾、小型甲壳类动物和虫子为食。

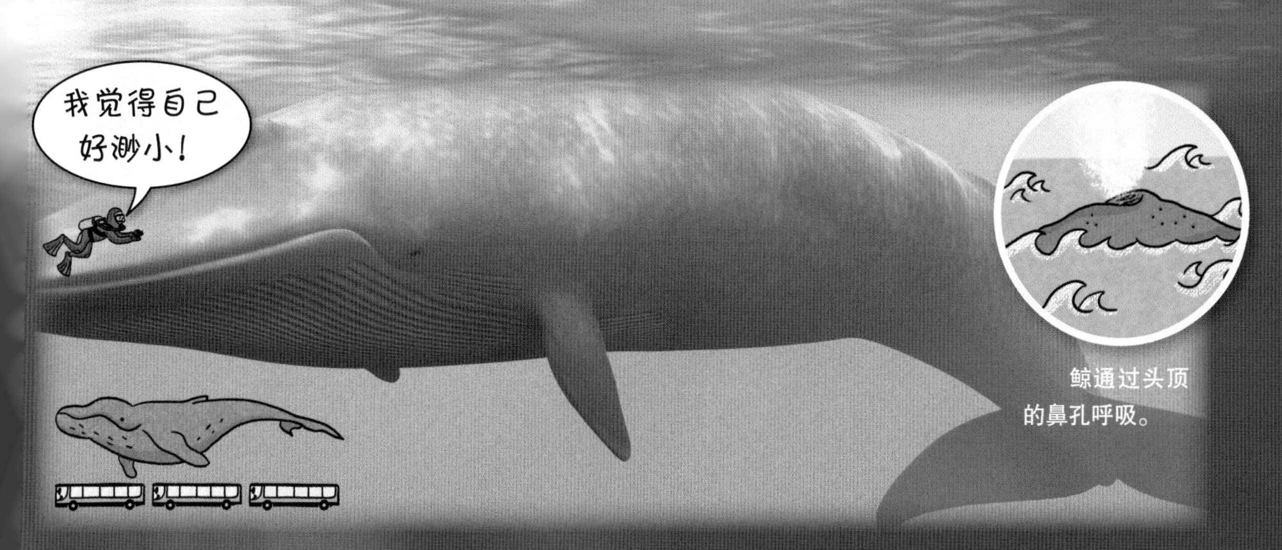

鲸通过头顶
的鼻孔呼吸。

蓝鲸是现存世界上最大的动物，体长可达33米（相当于3辆公共汽车首尾相连的长度），体重超过150吨，大约为25头大象体重的总和。

鲸不是鱼，是在海洋中生活的哺乳动物。它和人一样，用肺呼吸。每隔10～20分钟，鲸就会浮出水面，通过头顶的鼻孔来呼吸。

鲸分为齿鲸和须鲸。须鲸的嘴里没有牙齿，只有梳状的鲸须。须鲸捕食时会张开嘴吞下一大口海水，然后合上嘴，让水透过鲸须滤出，留下磷虾和其他浮游生物。

磷虾数量众多，是类似虾的海洋无脊椎动物。

不是。鲸分为须鲸和齿鲸。有些鲸长着尖尖的牙齿，可以毫不费力地捕食大型猎物。世界上几乎所有的大洋都有虎鲸栖息，它们喜欢捕食海豹、海狮和企鹅。

抹香鲸是潜水之王，它们可以下潜到2000多米深的地方，捕食它们酷爱的大王乌贼。

海豚大多成群地生活在温暖的海域，它们不喜欢独处。和所有鲸类一样，它们通过声音彼此交流。海豚是强大的鱼类猎手，它们发出“咔嗒咔嗒”的声波，定位远处的猎物——声波会从四周反射回来，帮助海豚勘探四周的环境。

别害怕！并不是所有的鲨鱼都很危险。有些鲨鱼只吃海藻和微小的甲壳类动物，例如巨大的鲸鲨。鲸鲨是地球上现存最大的鱼类，体长可达20米，相当于2辆公共汽车的长度。

大白鲨的牙齿非常尖锐，因此落了个不好的名声，其实它很少攻击人类。

双髻鲨很好辨认，它的头部向左右两侧伸展，就像锤子一样，它以躲在沙子下面的鱼类为食。

鳐鱼是鲨鱼的表亲。蝠鲼（fú fèn）是体形最大的鳐鱼，两个鱼鳍之间的距离最长可达9米。它喜欢吃浮游生物和小型鱼类，能在水下飞快地游动。

美丽的贝壳

贝类属于软体动物，它们依靠坚硬的外壳来保护柔软的内脏。贝类的外壳会伴随着身体的生长而长大。

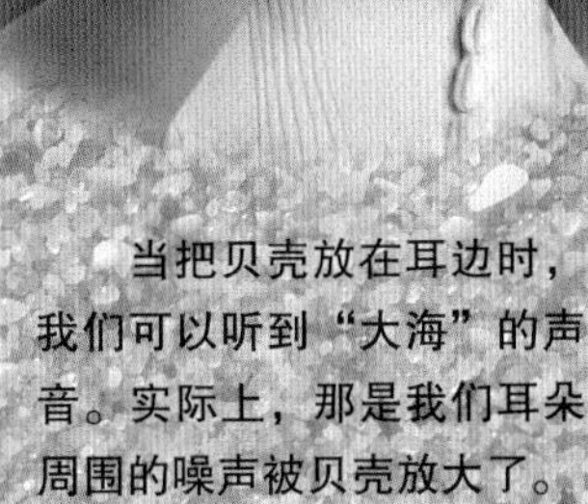

当把贝壳放在耳边时，我们可以听到“大海”的声音。实际上，那是我们耳朵周围的噪声被贝壳放大了。

鸟 蛤

帽 贝

黄宝螺

蛾 螺

樱 蛤

滨 螺

竹 蛏

大砗磲（chē qú）是世界上最大的贝壳，重量可达250千克。

甲壳类动物

甲壳类动物的身体非常柔软，有外壳保护。随着年龄的增长，它们会多次更换外壳。

龙虾蜕下的壳
为什么有时
我们会捡到
空壳？

当壳已经小得装不下身体时，甲壳类动物就会向各个方向扭动着身子，从壳里费劲地钻出来，长出一个新的、更大的外壳。

龙虾一生都在生长。它有两只大钳子，一只用来碾碎猎物的外壳，另一只用来切割和抓取。

龙 虾
鬼 蟹

上图中的寄居蟹是一种特殊的“蟹”。寄居蟹没有外壳，它会在海滩上找一个空壳当作房子，寄居其中，并把壳背在背上到处行走。

海面之下

在地球上的某些地区，大海一年四季都很温暖。海滩旁是成排的椰树，蔚蓝的海水下面是一个精彩纷呈的世界，那里生活着五彩斑斓的鱼儿和其他各种奇形怪状的动物。欢迎来到海洋天堂！

这不是灌木丛，而是一种特殊的动物——珊瑚。珊瑚通常生长在温暖的浅海区。珊瑚是由许多叫作珊瑚虫的小动物紧紧地靠在一起生长形成的。珊瑚虫不断吸收海水中的矿物质，生成坚硬的骨骼，保护自己柔软的身体。

珊瑚虫的口部周围布满小触手，可以捕食细小的浮游生物。它看起来像不像一个白色的鸡毛掸子？

珊瑚虫体内的共生藻死亡后，珊瑚虫也失去了营养来源，最后只留下白色的骨骼。随着时间的流逝，成千上万的珊瑚虫骨骼聚积在一起，在岛屿或海岸周围形成高大的珊瑚礁。一些大型动物，例如鲨鱼，被挡在珊瑚礁之外。岛屿和珊瑚礁之间形成了一潭封闭的潟（xì）湖，这里的海水呈现出漂亮的蓝绿色，成百上千种动物生活在这里。

潟湖的海水呈蓝绿色，海底的珊瑚有红色、玫瑰色和橙色的。因此，对鱼类来说，最好的防御就是也呈现这些五彩斑斓的颜色，以躲过捕食者的攻击。许多热带鱼身上都有彩色条纹，这是因为阳光照射在珊瑚礁上会产生光影斑块，这些鱼躲在其中就不容易被发现。

小丑鱼是海葵的朋友，它能清洁海葵的触手。作为回报，海葵让它居住其中。小丑鱼已经习惯了海葵的毒液，对海葵的刺细胞具有免疫力。

这是海葵，它不是花，而是一种捕食性动物。千万不要触碰海葵，因为它们的触手能分泌有毒的液体来麻痹猎物，然后将它吃掉。

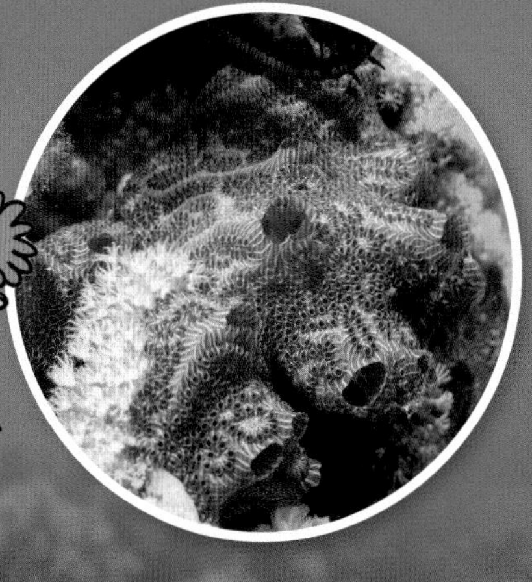

海绵动物生活在温暖的海底。海绵全身遍布着小孔，海水通过小孔流入海绵的体内，留下氧气和食物。

有些鱼靠吃别的鱼身上的寄生虫为生。比如，裂唇鱼被称为海底清洁工，能够钻进比自己大得多的鱼类的口腔里，为它们清洁牙齿，同时自己也能够饱餐一顿。

极地海洋

北冰洋位于北极，南极洲位于南极。极地地区非常寒冷，海面上覆盖着一层厚厚的浮冰。这里是一片白茫茫的世界，尽管很冷，但还是有很多动物生活在这里，比如北极熊、海豹和企鹅。

浮冰是什么？是被冻住的海吗？
冰山的大部分都隐藏在海面以下，这对航行的船只来说非常危险。

极地地区常年低温，海面被厚厚的冰层覆盖，只有特殊的破冰船才能劈开冰层，在海上航行。

冰山是从冰川上脱落的巨型冰块，它们是由淡水冻结而成的，因此可以漂浮在海面上。不过冰山只有顶部会露出水面。

动物们是如何抵御严寒的？
鱼不会在水下被冻住吗？

海狗

冰鱼

对于海豹、海狮这些生活在酷寒极地的动物来说，厚厚的皮毛能减少体内热量的散失，厚厚的皮下脂肪也为抵御寒冷提供了能量，让它们即使在冰冷的海水中也可以保持温暖。

极地海洋中的鱼类、贝类和甲壳类动物的血液中还含有一种特殊的防冻蛋白质，可以防止它们在水下被冻住。

海豹是游泳
健将。

成年海豹全身覆盖着长长的深色皮毛。海豹宝宝全身雪白，这样当妈妈外出打猎时，单独留在冰面上的小海豹就不会轻易被捕猎者发现。

别看海豹和海狮在浮冰上笨手笨脚的，一旦入水，它们就像鱼儿一样灵活。海豹能够持续潜水5～8分钟不用呼吸。它们会在浮冰上打一个洞，时不时地浮出水面在洞口换气。

北极熊一年四季
都是白色的吗？

北极熊的毛其实是透明的，可以反射周围的颜色，冰天雪地里的北极熊看上去就是白色的。北极熊会耐心地守在海豹换气的洞口，一旦海豹冒出鼻尖，北极熊就会立刻伸出爪子抓住它。

北极熊是出色的游泳健将，它能潜到水下20米，并在水里停留几分钟。

帝企鹅生活在南极。这种可爱的鸟类并不会飞，成千上万只帝企鹅聚集在一起生活。为了得到更好的保护，小帝企鹅们会待在一起，就像在托儿所里似的，由成年企鹅照顾。几个月后，小帝企鹅会换下绒毛，长出防水的羽毛。

企鹅蛋是由企鹅爸爸孵化的。企鹅爸爸会把蛋放在脚掌上，不吃不喝地坚持两个多月，这个时候企鹅妈妈则会去海边觅食。

企鹅在冰面上常常是连跌带爬、摇摇摆摆地行走。有时它们会从几米高的悬崖跳入水中，用像桨一样的小翅膀快速地游泳，像鱼雷一般灵活。

为了适应南极的极寒天气，企鹅长着防水的羽毛，皮下还有一层厚厚的脂肪。暴风雪来临的时候，它们会紧密地挨在一起取暖。

在深海中

在距离海面数千米的地方，太阳的光线无法穿透。这里无比寒冷，也无比黑暗。这里生活着一些长相怪异的动物，只有最先进的潜水艇才能冒险进入这个奇特的世界。

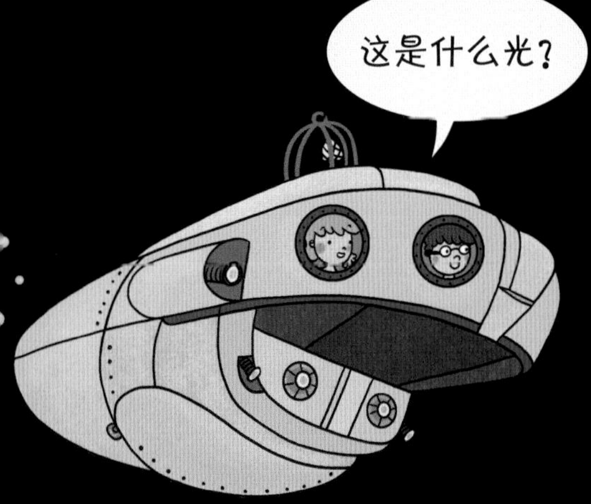

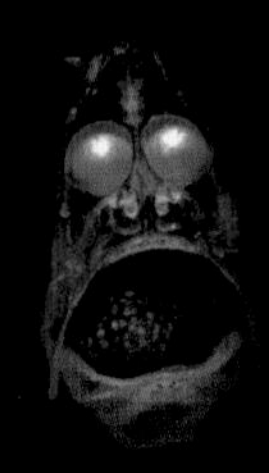

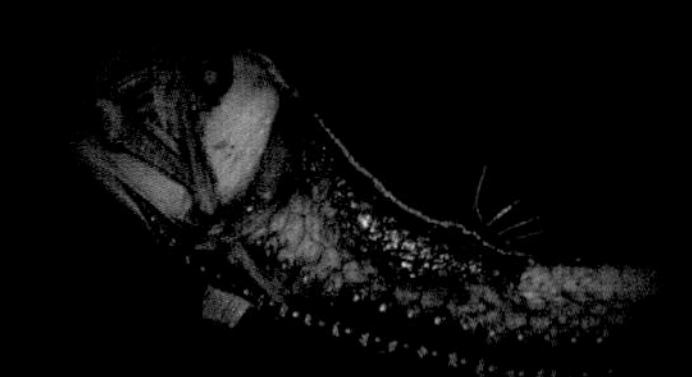

一些深海鱼类的身体会发光，不仅能让自己看清东西，还能通过光的闪烁来互相交流。许多深海生物利用身上的光来引诱猎物。

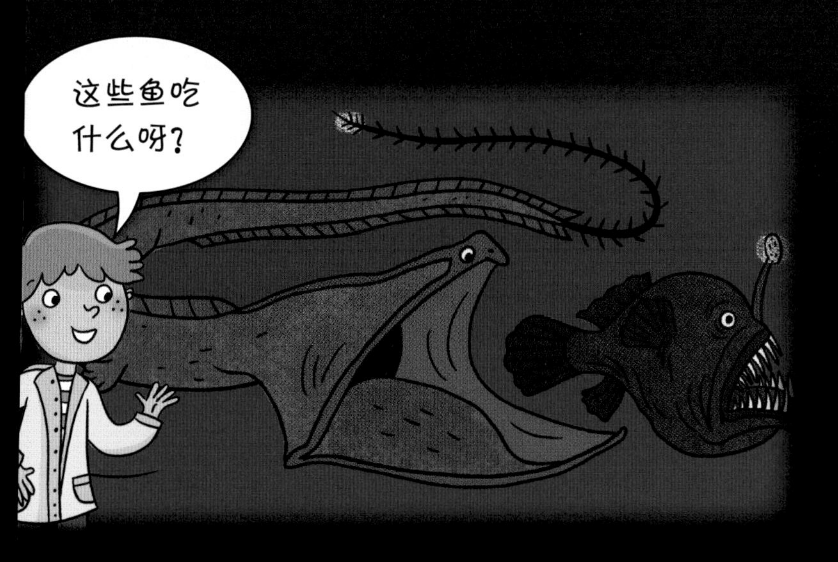

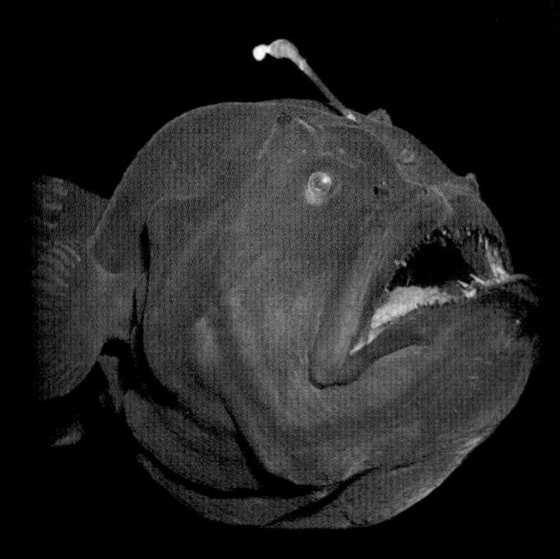

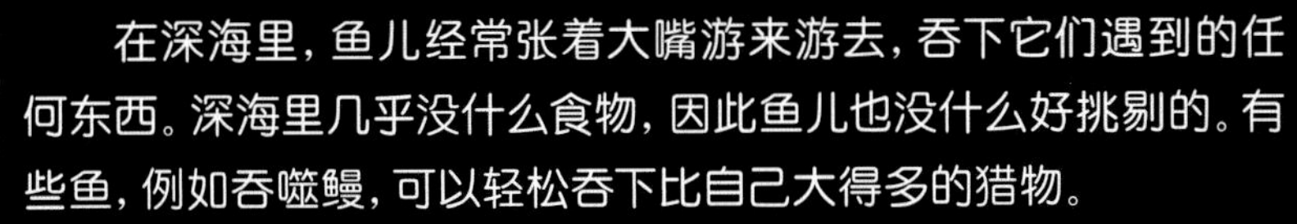

在深海里，鱼儿经常张着大嘴游来游去，吞下它们遇到的任何东西。深海里几乎没什么食物，因此鱼儿也没什么好挑剔的。有些鱼，例如吞噬鳗，可以轻松吞下比自己大得多的猎物。

借助头上发光的“钓竿”，鮟鱇鱼能诱捕靠近它的猎物。

这是海底热泉，是海底一种特殊的能量来源。海水被地热烧滚，像烟囱一样吐出热气。由于温度极高，海底热泉的周围生活着各种非常奇怪的生物，例如巨型贻贝、白色盲虾和长达2米的管型蠕虫，这种蠕虫没有口腔和肠道，以生活在体内的细菌为食。

愤怒的海洋

有时，大海也会“生气”，带来巨浪、漩涡和暴雨……尽管令人心生畏惧，但水手们对大海的愤怒了如指掌。

当风暴肆虐时，海上会形成巨大的海浪。海浪在风中变得越来越高，然后猛地打碎。涨潮的时候，海浪翻滚到岸边，甚至可以淹没码头。

海啸是由海底地震或水下火山爆发等引发的具有强大破坏力的海浪。发生海啸时，海水剧烈地上下起伏，可以形成约15层楼高的海浪。在海岸上，没有什么能与它抗衡，海水会淹没一切，摧毁房屋、桥梁与道路。

飓风或台风都属于热带气旋，发生在温暖的海域。在热带阳光的照射下，大量的水蒸气会迅速上升，在海面上形成巨大的雷雨云，它们在海面上空高速旋转，并在狂风的裹挟下，全速冲向海岸，在海岸引发可怕的风暴和洪水。

这是水龙卷，就是发生在海面上的龙卷风。风一边旋转，一边把海水吸入空中。

海洋资源

海洋对人类来说是珍贵的资源，它为人类提供可以食用的鱼类、贝类和盐。人们还可以利用潮汐和海浪的力量来发电，在海底开采石油。

这艘大船上装的是什么？

大海里蕴藏着丰富的石油资源，人们建造钻井平台，开采海底的石油。

接着，人们使用大型油轮将石油运输到世界各地。

牡蛎养殖者将牡蛎养在浮动的袋子里，耐心等待3～5年，牡蛎就可以被食用了。

养殖者将贻贝养在海边的木栅上，等木栅上长满贻贝后就可以采集了。

人们也养殖海藻，用于制造美容产品、药品和食品。

在海水养殖场，人们在自然环境中饲养鱼类，直到它们可以被安全食用。

人们在一些有潮汐的河口处建造水坝，利用潮汐的能量来发电。人们还在海水中放置大型的浮标（如上图），利用波浪的能量发电。

捕捞渔业

各个国家的传统捕鱼技术都有所不同。而现在，捕鱼技术早已在世界范围内工业化。一些小型拖网渔船出海当天就能折返，许多大型渔船则会在海上停留几天或几周。

非洲的围网捕鱼

现代渔船配备了强大的鱼群探测系统，包括雷达、声呐、卫星导航系统和计算机等。

为什么总是有很多海鸟追随着渔船？

渔民会把太小的鱼、他们不想要的鱼以及切下的鱼头和鱼尾扔回海里。这顿免费的盛宴总是能吸引不少海鸟。

拖网渔船将渔网挂在船后拖曳，当渔网装满鱼后，渔民就转动甲板上的绞盘，将网收回渔船。

渔民按照大小和种类对鱼进行分类。如果不能立刻返回港口，渔民会把鱼清洗干净，加工成鱼片，然后冷冻起来，以便更好地保存。

挖泥机是一种带有采集网的耙状工具。渔船牵引着挖泥机，把埋在沙子里的贝类挖出来。

渔民们在水底放置了一些笼子陷阱，将螃蟹、虾等动物困在这些陷阱中。渔民拉动海面上的浮标就可以将笼子收回。

船

以前，帆船是主要的航行工具，帆船借用风力航行，人们通过调节帆面与风向的夹角来调整船只前行的方向。如今，帆船主要用于比赛或娱乐。

著名的旺代单人不靠岸航海赛是第一个单人帆船环球比赛。

OP级帆船是一种只有一面帆的小型平底船，是专门适用于儿童的帆船。

许多海洋爱好者拥有自己的帆船，有的是单体帆船，有的是双体帆船。例如这艘双体帆船，它又快又稳。

很多船靠发动机前进，它们没有帆，例如游艇或邮轮。有些大型邮轮看起来就像一座漂浮在海上的城市。

还有一些船往世界各地运输货物，例如巨型油轮和集装箱船。巨型油轮将石油运送到数千千米之外；集装箱船则装载着像积木块一样堆叠在一起的大箱货物。

海上还航行着各种军舰，例如大型驱逐舰和航空母舰。

图片来源

封面： Phare @ Philetdom/Fotolia ; Dauphin © Fotosearch

Page 2 : h : Fotosearch – Page 3 : bg : GaramiAA/Fotolia ; bm : A. Drean/Fotolia ; bd : AG-Photo/Fotolia – Page 4 : hg : Fotosearch ; hm : Pixel & Création/Fotolia ; hd : Fotosearch ; bd : Sidsel Clement/Getty images – Page 5 : bgd : Fotosearch – Page 6 : h et b : Fotosearch – Page 7 : Fotosearch sauf hd : Tommy Tsutsui/Getty images – Page 8 : hg : Moirenc Camille/hemis.fr ; hm : Dominik Brenne/Getty images ; hd : Roy Philippe/hemis.fr ; bg : Beboy/Fotolia ; bd : Martina Berg/Fotolia – Page 9 : bg : Nicolas Thibaut/Getty images ; bd : Fotosearch – Page 10 : Cormon Francis/hemis.fr – Page 12 : Cormon Francis/hemis.fr – Page 14 : h : Franck Mazeas/Fotolia – Page 15 : Schankz/Fotolia – Page 16 : Fotolia – Page 17 : h : Denis Scott/Corbis ; bg : Don Johnston/Getty images ; bd : Maria Stenzel/Getty images – Page 18 : bd : auryndrinkson /Fotolia – Page 19 : hg : crisod/Fotolia ; hd : puddingpie/Fotolia ; b : Ian Scott/Fotolia – Page 20 : h : Magalice/Fotolia ; coque : Didier Descouens ; patelle : Tango22 ; porcelaine : Monique Pouzet/Fotolia ; buccin : Fotosearch ; bigorneau : H. Zell ; couteau : Hans Hillewaert – Page 21 : bénitier : Lemaire Stéphane/hemis.fr ; vernis : Jean-Daniel/hemis.fr ; moule : DR ; huître : Fotosearch ; praire : Hans Hillewaert ; ormeau : Fotosearch ; Saint-Jacques : Siede Preis/Getty images ; murex : S. Breal/Colibri ; palourde : Orlando Bellini/Fotolia ; turritelle : Pencho Tihov/Fotolia – Page 22 : hg : C. Baranger/Colibri ; hd : Herb/Fotolia ;

mg : C. Baranger/Colibri ; md : M. Janini/Colibri ; bg : S. Grall/Colibri ; bd : C. Guihard/Colibri – Page 23 : hd : C. Guihard/Colibri ; mg : Borut Furlan/Getty images ; md : G. Zappa/Colibri ; bg : Fotosearch – Page 24 : Fotosearch – Page 25 : h : Fotosearch ; b : Du Boisberranger Jean/hemis.fr ; fond : Fotosearch – Page 26 : poisson-hérisson (en boule) : Fotosearch ; poisson-hérisson : cynoclub/Fotolia ; poisson-perroquet : lilithlita/Fotolia ; rascasse volante : art78/ Fotolia ; poisson-chirurgien : Canoneer/Fotolia ; poisson-mandarin : bluehand/Fotolia ; poisson-clown : K.L. Kohn/Fotolia ; poisson-papillon : imagebroker/hemis.fr ; poisson-demoiselle : imagebroker/hemis.fr ; poisson-ange : Sintosun/Fotolia – Page 27 : hg : Fotosearch ; bd : Fotosearch – Page 28 : Fotosearch – Page 29 : hg : Daisy Gilardini/Getty images ; bg : Flpa/hemis. fr ; bd : Biosphoto/Norbert Wu – Page 30 : hd : Cordier Sylvain/hemis.fr ; bd : Adrien Roussel/Fotolia – Page 31 : hg : Silver/Fotolia ; hd : S. Blanc/Colibri – Page 32 : h : Science Source/Getty images ; grandgousier : Norbert Wu/ Minden Pictures/Corbis ; poisson-pêcheur : Doug Perrine/Getty images ; poisson-lanterne mg : Peter David/Getty images ; md : Frederick R McConnaughey ; poisson-hachette : Norbert Wu/Jacana/Gamma-Rapho ; poisson-lanterne : Norbert Wu/ Jacana/Gamma-Rapho – Page 33 : hd : Doug Perrine/Getty images ; bm : Ralph White/Corbis ; bd : Ralph White/Corbis – Page 34 : h : Sébastien Delaunay/Fotolia ; b : Pixel & Création/Fotolia – Page 35 : hd : Reuters/Handout ; bg : Burton McNeely/ Getty images ; bm : GSO Images/Getty images ; bd : Andrea Zanchi/Getty images – Page 36 : h : aquaphoto/Fotolia ; b : Kovalenko Inna/Fotolia – Page 37 : hg : PackShot/Fotolia ; détail hg : papinou/Fotolia ; hm : Michel Garnier/Hoa-Qui/Gamma-Rapho ; détail hm : Yves Roland/Fotolia ; hd : Rigoulet Gilles/hemis.fr ; bg : il-fede/Fotolia ; bm : Environment Images/UIG/ Getty images ; bd : Science et Vie – Page 38 : h : Michel Renaudeau/Hoa-Qui/Gamma-Rapho ; b : Véviga/Fotolia – Page 39 : bg : Alaska Stock/hemis.fr ; bd : Jeff Rotman/Getty images – Page 40 : h : Alvov/Fotolia ; b : Vincent Curutchet/DPPI – Page 41 : hg : Alexey Stiop/Fotolia ; hm : Angelo Giampiccolo/Fotolia ; hd : Jean-Paul Comparin/Fotolia ; bg : Presiyan Panayotov/ Fotolia ; bm : imagebroker/hemis.fr ; bd : Kovalenko Inna/Fotolia

图书在版编目（CIP）数据

海洋的秘密 /（法）埃马纽埃尔·勒珀蒂著；（法）露西尔·阿尔魏勒绘；王丁丁译. 一 广州：岭南美术出版社，2023.2
（探秘万物儿童百科·走近科学）
ISBN 978-7-5362-7559-1

Ⅰ.①海… Ⅱ.①埃… ②露… ③王… Ⅲ.①海洋－儿童读物 Ⅳ.①P7-49

中国版本图书馆CIP数据核字(2022)第160457号

著作权合同登记号：图字19-2022-111

出 版 人：刘子如
责任编辑：李国正　周章胜
助理编辑：沈　超
责任技编：许伟群
选题策划：王　铭
装帧设计：叶乾乾
美术编辑：胡方方

探秘万物儿童百科·走近科学
TANMI WANWU ERTONG BAIKE · ZOUJIN KEXUE
海洋的秘密
HAIYANG DE MIMI

出版、总发行：岭南美术出版社　（网址：www.lnysw.net）
（广州市天河区海安路19号14楼　邮编：510627）
经　　销：全国新华书店
印　　刷：深圳市福圣印刷有限公司
版　　次：2023年2月第1版
印　　次：2023年2月第1次印刷
开　　本：889 mm×1194 mm　1/24
印　　张：22
字　　数：330千字
印　　数：1—5000册
ISBN 978-7-5362-7559-1

定　　价：218.00元（全12册）

策划 / 海豚传媒股份有限公司
网址 / www.dolphinmedia.cn　邮箱 / dolphinmedia@vip.163.com
阅读咨询热线 / 027-87391723　销售热线 / 027-87396822
海豚传媒常年法律顾问 / 上海市锦天城（武汉）律师事务所
张超　林思贵　18607186981

探秘万物儿童百科

走近科学

超级救援

[法]埃马纽埃尔·勒珀蒂/著　[法]弗朗索瓦·丹尼尔、安妮·德尚布尔西/绘

王丁丁/译

SPM 南方传媒 | 岭南美术出版社

中国·广州

从前……

从前，可怕的火灾频繁发生。那时的房屋基本上都是用木头搭建的，一座挨着一座，一旦发生火灾，木头很快就会烧起来，成片的房屋都会着火。报警员会立刻敲钟，并拉响警报。

居民纷纷赶来，一部分人带着水桶排成一排，从河边或喷泉接力取水灭火。其他人负责用绳索将被困在火灾现场的人救出来。

人们会把部分房屋推倒，防止火势蔓延到整个城市。

他们为什么要破坏这座房子？
天呐！火势蔓延得太快了！
小心！保护妇女和小孩。

这是水枪吗？

啊，对了！法语中的
“消防员（POMPIER）”
就是由“泵（POMPE）”
发展而来。
JOHN KEELING

这是一种早期的灭火器，原理类似于注射器。如果寺庙里发生火灾，僧侣们可以先将水抽进喷水器里，然后把水推射进火中。

后来，人们发明了一种更高效的灭火器：配有水箱的手摇泵灭火器。手摇泵需要大力士来操控，起初这些大力士被称为“手泵工”，后来改称为“消防员”。

那时没有消防车
和警报器吗？

随着时间的推移，人们发现，把泵连接到板车上，由消防员拉着板车移动灭火的效率更高。后来，人们开始用速度更快的马来拉板车。

之后，手摇泵变成了强大的蒸汽泵。多亏了蒸汽泵，消防员可以从安装在人行道旁的消火栓中抽出水来灭火。后来，水泵车配备了发动机，演变成真正的消防车。

现　在

如今，消防员的工作不只是灭火。他们最重要的职责是在发生突发状况时冲在救援第一线，保护人民的生命财产安全。消防员还会去学校做消防专题讲座，教孩子们遇到危险时该如何自救及救助他人。

我们也能拯救别人的生命吗？
有女消防员吗？
几岁可以当消防员呀？
在等待救援时，应该将伤员这样放置。

少年消防员们在进行消防救援演练。

在法国，只要年满 10 周岁，无论男孩还是女孩都可以申请成为“少年消防员”。志愿成为消防员的少年们每周都会一起进行体能训练，还会练习使用消防水带等工具。用力拉！使用消防水带灭火是需要力量的！

此外，他们还要学习一些急救技术，包括人工呼吸和心脏复苏术等。

少年消防员年满 18 周岁后，可以通过参加选拔考试成为职业消防员。

在法国，职业消防员只是少数，绝大多数都是志愿消防员。这些志愿者在平时可能是药剂师、花店老板、渔民等。有的时候，他们需要在消防队待命；其他时候，他们可以待在家里，但遇到紧急情况时要随时出发去救援。

欢迎来到消防队

这里是消防员的大本营，平时各种消防车和消防器械都放在这些仓库一样的房子里。消防员们在营地里训练，随时准备执行任务。今天是消防队开放日。请进来参观吧！

那座塔是做什么的？
它实在是太高了！
你们看，好大的车库哇！
在我们消防队里，这个叫作“工具库”。

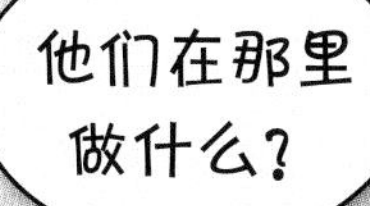

①

消防员在训练塔（见①）里进行各种各样的训练！例如，消防员经常练习用尽可能快的速度上下楼梯，用梯子爬上塔楼，用绳索操纵担架等。

有时，训练有素的巴黎消防员会通过在埃菲尔铁塔上行走来克服恐高症带来的眩晕！

在法国，通常只有一些职业消防员会和家人一起住在消防队的公寓里。不过要当心哟！小孩子是不能随意靠近消防车和消防设备的！

早晨，队长会确定当天的值班人员。其他人则去参加日常训练。

消防员要做大量的运动，包括腹肌训练、俯卧撑、哑铃训练等。他们必须身强力壮，才能救出失火现场的人。

有些消防员在练习全速爬行（这是从火场成功逃脱的必备技能）。还有一些消防员在练习跳跃与平衡，在这项练习中，消防员用力跃起，借助前臂的力量攀上一个 2 米高的架子，然后保持平衡。

空闲时间，消防员们会在休息室娱乐放松。

有时消防员会在消防队内或者外出接受专业培训，例如他们会学习如何在地图上快速定位呼救地点。

消防员们在消防队内进行各种演练，例如互相配合，练习快速使用消火栓，他们不停地练习，就是为了在有任务的时候能够快速应对。

工具库楼上是宿舍。晚上，值班的消防员在这里值守，随时准备执行任务。

警报声响起！

消防指挥中心的电话铃响了：城里发生了火灾！消防员随身携带的呼叫机立刻发出“哔哔哔”的提示音。他们必须在两分钟内准备完毕，跳上消防车！

火警电话号码是多少？
119
呜呜呜，战斗开始！

法国的火警电话是 18，欧洲一些地区是 112，美国是 911，中国是 119……拨通号码后，当地的消防指挥中心就会接到呼救电话。

消防员们全副武装，以最快的速度从卧室到达工具库，为了节省时间，他们有时会直接从滑竿上滑下来。其他消防员从家里赶来，立刻穿上消防服。

消防员们登上待命的消防车，准备出发。

以前，发生火灾时，人们会拉响警报器。现在，只有每月的第一个星期三才会拉响它，目的是检查它是否能够正常运转。

法国的消防车配有蓝色警灯和双音警笛。

消防车来了！

火灾警报铃声响起，消防员们全速出动，打开警灯，拉响警笛。

PS 183
你看，这些车都不一样！
消防车为什么是红色的？
那辆消防车上有一个大梯子！

为了让消防员们能以最快的速度到达火灾现场，街上的车和行人都为他们让路！

世界各地的消防车大部分是红色的，间或带有一点黄色。多亏了这些鲜艳的颜色，消防车在车流中十分显眼。

城市发生火灾时，首先出动的一般都是泵车。泵车上有水管和贮水罐，消防员一到现场就可以开始灭火。

贮水罐里有什么？

消防车内装满了灭火工具（消防水枪、水带、灭火器、防水布）和急救用品（氧气面罩、急救箱等）。

小型消防车的贮水罐里有 2 ～ 4 吨加压水，这些水足够撑过最初几分钟的救援。

这辆抢救车主要提供各种急救设备，用于转移伤员，将伤员送到医院，车内可以容纳两名伤员。

这辆森林灭火专用车配备了大型的钢筋，能够防止烧毁的树干压坏车身，保护车内的消防员。

登高救援时，消防员需要展开云梯（见第18页）。云梯是可伸缩的，有些能伸展到112米。消防员可以站在云梯顶端的平台上工作，抢救高层建筑内的被困人员。

一名消防员坐在云梯底部的控制室里，他可以打开、折叠和旋转云梯。

这是一辆公铁两用消防车，它既能在公路上行驶，也能在铁路上行驶。公铁两用消防车主要应用于火车隧道中的事故或火灾。借助火车轨道，消防员可以更快地到达火灾现场。

这辆机场消防车专门用于扑救飞机火灾（见第 36 页）。车顶的套筒能高速喷射出特殊的泡沫和干粉，从而扑灭汽油燃烧引起的大火，并能冷却机体。

这是一辆履带式消防车，可用于山区积雪路面的救援。

巨型消防车！

看这辆巨型消防车鲜红的镀铬车身，这真是一辆巨无霸！

美国的纽约消防局规模庞大，有大约 11000 名消防员。

美国消防局有很多种类的消防车。这之中令人印象最深的是云梯消防车，这些消防车的云梯长达 17 米，可以伸展到 60 米高的地方，相当于 20 层楼的高度。

美国城市里的街道很宽，所以不管消防车多大通常都能畅通无阻。而且这些巨无霸很好操纵。它车头上巨大的保险杠让这些巨无霸即使遇到障碍物（例如，有汽车堵住了火灾入口）仍可以轻松开辟道路。

它可真大！
我好想到驾驶室里看看！
好大的保险杠！

着火了！
消防员们迅速赶到了火灾现场。这次是几辆不同的消防车同时出动。一到现场，消防员们首先要考虑的问题不是灭火，而是将受灾居民转移到安全地带。
他们勇敢地往火场走去！
这里好热啊！
消防员们太令人敬佩了！

消防员们首先
做什么？

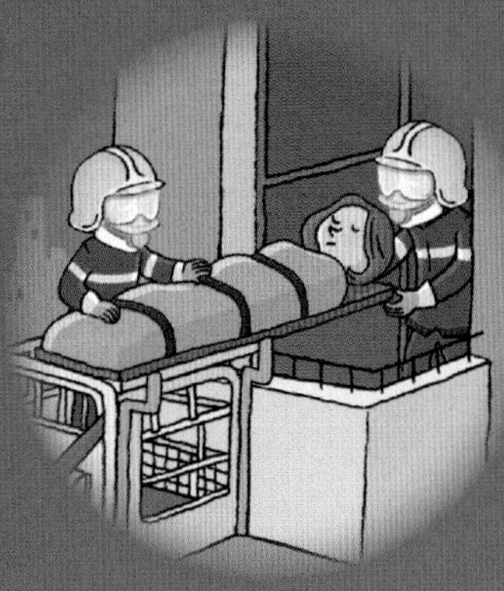

如果火势很猛，而且堵住了出口，消防员就需要通过窗户将被困居民救出来。此时，消防员会通过云梯到达高处。

云梯的顶部有救生篮，消防员会在救出伤者后，迅速将伤者固定在救生篮里的担架上。

当心，不要被消
防水带缠住！

地面上的消防员们立刻实施急救，他们通过各种方式来抢救因烟雾窒息的人。

与此同时，其他消防员正在展开消防水带。他们将消防水带连接到泵车的阀门上，有时也连接到人行道边的消火栓上，这样，就不用担心缺水了。

一旦外部的消防工作开始，消防员就会戴上氧气面罩进入大楼。他们总是两人一组一起工作：一个人在前方举着水管喷头，引导喷射方向；另一个人则在后方帮忙托住水管，这样喷出的水更强劲。他们会毫不犹豫地撞开紧闭的门，冲进火场。

消防员借助热像仪在烟雾弥漫的建筑内寻找出口和被困人员。

经过几小时的战斗，火势依然不减。第一批冲进火场救援的消防员们已经疲惫不堪。此时，增援部队抵达，先头部队可以暂时撤退、休整。

消防员们要将屋顶完全拆开吗？
消防员们为什么要用水冲天花板？

来增援的消防员只需拆除几块瓦片，就可以为公寓内部的烟雾和热气创造出口。这样，公寓内的消防员可以在更好的条件下工作。

公寓内的消防员们还在继续战斗，他们不断地朝天花板喷水降温，确保天花板不会剥落、坍塌。

大火已经扑灭了，消防员为什么还不走？

清理小组的消防员们留在现场，搜寻仍有火星的余烬，清除可能掉落的物体，并在公寓内有可能坍塌的天花板下架设支柱。

一旦火被扑灭，并确保该地区安全后，消防员就可以返回消防队了。尽管救援已经让他们筋疲力尽，但他们仍然需要检查各自负责的消防设备，并为新的警报做准备。

森林火灾

夏天气温高，在一些干旱地区，一点火星就可能点燃一整片森林。如果不幸刮起大风，火就会趁势迅速蔓延。有时，消防员需要战斗好几天或好几个星期才能扑灭森林大火。之后，留下的就只是一片被大火毁坏的景象。

一辆小型消防车一次可以装 4 吨水。一旦车里的水用完了，就必须尽快补充。

整片森林都要烧光了！
消防车的水不够了！
消防员怎么能忍受这么高的温度呢？

森林灭火飞机可以就近从湖泊或海洋中取水，并把水喷洒到消防车无法到达的火灾现场。除森林灭火飞机外，消防部门还会调派其他飞机在尚未起火的区域喷洒阻燃剂，以阻止大火快速蔓延。

与此同时，地面的消防员也会挖掘防火隔离带，用物理方式阻止火势蔓延。

他们身上都有哪些装备？

森林消防员佩戴着轻型消防头盔、护目镜和保护面罩，并穿着一身厚厚的防护服。

谨防火灾！
严禁生火！

在火灾风险较高的干燥地区，消防员们骑着摩托车四处巡逻，警告在森林徒步、露营、野餐的人不要生火煮饭、不要架炉烧烤、不要点火抽烟等。除此之外，消防员们还会在瞭望塔里密切关注森林里的每一个地方，警惕任何轻微的火情发生。

交通事故

消防员不仅负责救火，当发生严重交通事故时，消防员也会出动救援。在法国，消防队还有专门处理公路突发事故的公路救援车。

最早抵达现场的消防员会穿上带反光条的荧光马甲，在事故现场周围放置反光警示锥桶和三角警示牌，提醒其他司机小心行驶。这样一来，即使在漆黑的深夜，事故现场也很醒目！

与此同时，另一支消防救援队伍负责照顾伤员，并呼叫救护车。

救出困在车里的伤员，是一项精细又棘手的工作。为了确保伤员的伤势不会在转移过程中加重，消防员要先使用锋利的钢钳仔细地剪开金属车身，然后小心翼翼地把伤员放在担架上，立刻送往医院。

如果车辆起火了，消防员必须迅速采取行动，例如喷洒特殊的泡沫灭火。

神圣的救助者!

当身边的人跌倒了、烧伤了、昏厥了……在中国，我们会立刻拨打 120 急救电话。但在有些国家，人们会直接拨打消防救援电话！消防员们会第一时间赶到。他们经过急救培训，有丰富成熟的急救知识，知道在这些情况下应该如何施救。

她的腿可能摔断了。
我们能做些什么?
千万不要移动她。
我们要做的就是冷静地等待消防员。
他们来了

一个小女孩在游乐场摔倒了，到达现场的消防员首先用夹板（一种带有绷带的板子）固定女孩受伤的腿。

然后，消防员会把女孩送到医院。到了医院，医生会为她做检查，给她拍 X 光片。如果她的腿骨折了，医生会给她的腿打上石膏。

一位男士在街上晕倒了。热心路人拨打了消防急救电话。消防员迅速赶到，立刻对晕倒的男士进行急救。他几乎没有心跳了！消防员正尝试使用除颤器帮助他恢复心跳。

这位准妈妈独自在家，她感觉肚子里的宝宝可能要提前出生了。于是她打电话向消防员求助。已经来不及去医院了，消防员们直接在救护车上为她接生。

山区救援

能够在山区进行救援的消防员大多是攀岩和滑雪健将，因为他们的工作往往是寻找迷路的徒步旅行者、坠入峡谷的登山者甚至是雪崩中的受害者等。

我们既看不到滑雪道也看不到滑雪者了。
消防员为什么都拿着长长的棍子？
消防员是如何寻找失踪者的？

为了搜寻被雪崩掩埋的人，消防员会带上专业的雪地搜救犬，它们灵敏的嗅觉将在搜救行动中发挥很大作用。消防员们还会把长长的探测器插入雪中，一旦探测到信号，消防员们会立刻徒手挖掘，以免伤到被掩埋的人。

消防员找到失踪者后，会用救生毯把他裹起来，平放在担架上，通过滑雪或雪地摩托将其运到附近的医疗点。

专门负责在山区开展救援工作的消防员都接受过攀岩、攀冰甚至在缝隙中救援的训练。他们都配有专业的攀爬工具，救援时他们会把伤者背出来，或借助担架把伤者带回来。

在陡峭和难进入的山区，消防员们会出动直升机来救援伤员。

海上救援

有的消防员是训练有素的水手和潜水员。当海上有船只着火、沉没，或船上有人遇到危险时，负责海上救援的消防员们会立即采取行动！

为了将船上的大火扑灭，消防员驾驶着专业的消防救援船，使用消防水炮来救援。这种消防救援船可以直接从海里泵水。

扑灭这样的大火需要很多水！

这喷出来的是水还是泡沫？

船上的乘客怎么办？

在消防水炮的冲击下，起火的船可能会沉没。因此，在救援现场，通常还会有另一支消防队伍负责在起火的船只上安装水泵，将船上的水排入大海，防止其沉没！

在最危险的情况下，消防员们会使用橡皮艇或直升机疏散乘客。

这位消防潜水员在检查一艘正在下沉的邮轮，确保没有人困在船里。

负责海上救援的消防员平时要使用望远镜从海岸上监视海面，或者驾驶水上摩托艇从海面上监控海滩，一旦发现紧急情况他们会立即出动。例如，他们可以拯救溺水者，帮助在海上遇到危险的游泳者。

洪水来袭

水，有时候也很危险。当河流泛滥、洪水漫灌，房屋被冲毁、居民被围困时，消防员会立刻赶来救援！

消防员还有
冲锋舟？

冲锋舟是洪灾中较高效的救援工具之一，消防员乘坐冲锋舟营救被大水围困的人员，在救援过程中能让获救者保持干燥和安全。这个大喇叭是扩音器，消防员用它向被困人员喊话，告诉他们救援人员到啦。

有的地方积水太深，车辆通过时可能会熄火，甚至被淹没，这时消防员会出动，营救被困的司机。

这些袋子是做
什么的？

这些管子是做
什么的？
消防员还要做
清扫工作！

消防员把沙袋堆叠起来，这样可以防止水进入房屋，还能减缓水面上升的速度。

当洪水开始退去时，消防员会用电动泵将路面的积水抽干。洪水过后，到处都是泥沙和碎屑。此时，消防员还会使用高强度的喷头来清洗街道。

在废墟下

地震或爆炸后，房屋会坍塌，消防员们需要第一时间赶到现场去寻找幸存者。此时，拥有灵敏嗅觉的搜救犬会成为搜救行动中的好帮手。

来啊，到这边找找！
搜救犬在叫，它是发现了什么吗？
消防员能找到被困的人吗？
消防员为什么要戴耳机？

消防员如何找到幸存者？

当搜救犬嗅到或听到瓦砾下有生命迹象时，它就会边叫边挠地面。这时，消防员会利用生命探测装置监测心跳，判断掩埋在废墟底下的人的生命状态和位置，随后迅速开展救援。

消防员在尽量不移动废墟其他部分的情况下，清理出一条窄窄的救援通道。

好哇！
搜救犬真棒！

消防员用绳索和担架将受伤的人轻轻抬出来，同时为伤者提供初步的急救措施。

一般来说，搜救犬都是肌肉发达，但个头不大的狗，否则它们将无法通过狭窄的通道。它们非常聪明，在成为正式的搜救犬之前，它们会接受特殊的训练。

飞机起火
在机场工作的消防员经过了特殊训练，他们日夜守卫在机场，随时准备行动。
在机场跑道上，一架飞机的引擎起火了。不到三分钟，消防员就赶到了现场。
飞机起火了，乘客们该怎么做？
这是机场专用消防车。

机场消防队正在进行消防演习。

飞机的机翼下有巨大的油箱，这里储存着高度浓缩的燃料。如果火焰接触到油箱，整架飞机都可能会爆炸。

这位消防员穿的是特殊的消防服，这能保护他不被高温灼伤，不受有毒烟雾的侵害。

当需要紧急疏散乘客和机组人员时，机组人员会打开应急出口，释放紧急滑梯，让大家从滑梯撤离，这样可以加快疏散速度。

有时事态并不严重，但必须进行检查以排除危险。这时，消防员会登上飞机，一边安抚乘客，一边检查一切是否正常。

漏油事故

有时，发生在海上的紧急事故会对自然环境造成严重污染。这时，消防员往往是较先采取救援行动的人员之一。

这艘油轮撞上了岩石，船体出现了裂缝，石油正在泄漏。

真是一场灾难啊！
这些漂浮物是什么？
天哪！！！我们必须把这清洗干净。

紧急赶到的消防员用拦油索围住泄漏的石油，阻止石油继续扩散。放置拦油索后，消防员还会用浮泵抽取泄漏的石油。

但有时，消防员到达时为时已晚，石油已经扩散到岸边，污染了海滩和岩石。这时，消防员必须清理海滩，他们用强力喷头冲洗附着在岩石上的石油。在海滩上，石油结成了块，消防员和志愿者一起用铲子等工具清理石油。

消防员还要抓紧时间救助被石油粘住的动物，并把它们送往专门的救治中心。

消防员用强力喷头冲洗附着在岩石上的石油。

动物救援

有的消防员接受过拯救动物的训练。他们的任务是：拯救陷入危险的动物，以及捕捉那些对人类安全构成威胁的动物。

如果没有特别紧急的任务，消防员还会解救卡在树上下不来的猫。

喵……
喵……
可怜的小猫！
它不知道该怎么下来！

当流浪狗表现出攻击性时，消防员可以进行干预。消防员围住它，并试图用套索控制住它。之后消防员会把它锁进笼子里，带回收容所饲养。

如果危险的动物四处游荡，消防员会为它们注射麻醉剂，让它们暂时失去行动能力，然后将它们转运到安全的地方。

现在，有些人会饲养一些新奇的宠物，如蛇、鬣蜥等（要视当地法规是否允许饲养哟），一旦宠物逃走就可能会对其他人的人身安全造成威胁，这时人们就会呼叫消防员来抓捕它们。

如果发现马蜂窝，一定要给消防员打电话，让他们来处理。消防员会在专业防护服的保护下，向马蜂窝中喷洒药品，这种药品能让马蜂失去知觉，方便消防员处理马蜂窝。

图片来源

封面 : Camion © P. Devanne/Fotolia.
Au dos, camion américain © J. Thompson/Fotolia.
P. 3 : Seringues à eau © DR. Pompe à bras, 1678 © Akg/Science Photo Library. Pompe à bras sur chariot © Ateliers de France. Pompe à vapeur, 1909 © Rue-des-Archives/Mary Evans. P. 4 : Apprentis jeunes sapeurs-pompiers © P. Forget/ Sagaphoto.
P. 5 : Apprentis jeunes sapeurs-pompiers © P. Forget/Sagaphoto. P. 6 : Caserne © S. Gautier/Sagaphoto. P. 7 : Entraînement à la caserne © P. Forget/Sagaphoto. Exercice sur la Tour Eiffel © F. Halftermeyer/BSPP.
P. 8 : Réunion caserne © P. Forget/Sagaphoto. Entraînements sportifs © P. Forget/Sagaphoto.
P. 9 : Manœuvre de la garde © P. Forget/ Sagaphoto. Formation © P. Forget/Sagaphoto.
P. 10 : Alerte © P. Forget/Sagaphoto. 18/112 © Fotolia. P. 11 : Rampe © P. Forget/Sagaphoto. Départ de camion © P. Forget/Sagaphoto. Sirène et gyrophare © Fotolia. Conducteur © Fotolia.
P. 12 : Camion © Fotolia. P. 13 : Fourgon pompe-tonne © Jackin/Fotolia. Fourgon ouvert © Fotolia. Pompiers près du fourgon pompe-tonne © P. Forget/Sagaphoto. P. 14 : VSAV + véhicule feu de forêt © Jackin/Fotolia. Grande échelle © Milphoto/Fotolia. P. 15 : Fourgon pompe-tonne sur rail © à gauche : Sagaphoto ; à droite : C. Zaglia. Camion d'aéroport © S. Gautier/ Sagaphoto. Véhicule à chenilles © P. Forget/ Sagaphoto. P. 16/17 : Pompier américain © S. Platt/GettyImages. Camion américain © J. Thompson/Fotolia. P. 18/19 : Grande échelle © P. Forget/Sagaphoto. Intervention par la fenêtre © DigiArt/Fotolia. Raccordement tuyaux © P. Forget/Sagaphoto. P. 20 : Photos © Sagaphoto. P. 21 : Intervention par le toit © Fotolia. Pompiers de Paris (en haut à droite) © P. Burner/BSPP. Brigade de déblaiement © P. Forget/Sagaphoto. Retour caserne © Sagaphoto. P. 22 : Forêt brûlée © Lunamarina/ Fotolia. P. 23 : Canadair © M. Finotto/Fotolia. Tranchée pare-feu © Ferreira/Corbis. Équipement © P. Forget/Sagaphoto. Tour de guet © Lamax/Fotolia. Panneaux © Fotolia. P. 24 : Intervention accident nuit © T. Frey/Corbis. P. 25 : Avertissement panneau © S. Gautier/Sagaphoto. Secours VSAV © Le Bot/Photononstop. Pinces + secours à un accidenté © Sagaphoto. Incendie de voiture © P. Forget/Sagaphoto. P. 26/27 : Civière © Candy Box/Fotolia. Ambulance © P. Forget/ Sagaphoto. P. 28 : Sauvetage en montagne

Nous remercions pour leur collaboration
Océane Talidec, sapeur-pompier
volontaire, et Carlo Zaglia, rédacteur
en chef de Soldats du Feu magazine
et Véhicules d'incendie magazine.

图书在版编目（CIP）数据

超级救援 /（法）埃马纽埃尔·勒珀蒂著；（法）弗朗索瓦·丹尼尔，（法）安妮·德尚布尔西绘；王丁丁译. — 广州：岭南美术出版社，2023.2
（探秘万物儿童百科·走近科学）
ISBN 978-7-5362-7559-1

Ⅰ.①超… Ⅱ.①埃… ②弗… ③安… ④王… Ⅲ.①救援—儿童读物 Ⅳ.①U298.6-49

中国版本图书馆CIP数据核字(2022)第160455号

著作权合同登记号：图字19-2022-111

出 版 人：刘子如
责任编辑：李国正　周章胜
助理编辑：沈　超
责任技编：许伟群
选题策划：王　铭
装帧设计：叶乾乾
美术编辑：魏孜子

策划 / 海豚传媒股份有限公司
网址 / www.dolphinmedia.cn　　邮箱 / dolphinmedia@vip.163.com
阅读咨询热线 / 027-87391723　　销售热线 / 027-87396822
海豚传媒常年法律顾问 / 上海市锦天城（武汉）律师事务所
张超　林思贵　18607186981

探秘万物儿童百科·走近科学
TANMI WANWU ERTONG BAIKE · ZOUJIN KEXUE
超级救援
CHAOJI JIUYUAN

出版、总发行：岭南美术出版社　（网址：www.lnysw.net）
（广州市天河区海安路19号14楼　邮编：510627）
经　　销：全国新华书店
印　　刷：深圳市福圣印刷有限公司
版　　次：2023年2月第1版
印　　次：2023年2月第1次印刷
开　　本：889 mm×1194 mm　1/24
印　　张：22
字　　数：330千字
印　　数：1—5000册
ISBN 978-7-5362-7559-1

定　　价：218.00元（全12册）